www.ingramcontent.com/pod-product-compliance
Lightning Source LLC
Chambersburg PA
CBHW051910170526
45168CB00001B/321
9781517010799

أفكار ورؤى للعمل:
Ideas and Vision for Action

جمعت وأعدت بقلم

الأستاذ الدكتور المهندس المستشار عصام محمد عبد الماجد أحمد

الطبعة الأولى، الخـــبر –الـــدمام بالمملكـــة العربية الســـعودية، ســـبتمبر 2015 – ذو القعدة 1436 هـــ.

ISBN-13: 978-1517010799
ISBN-10: 1517010799

Printed by: CreateSpace.

المحتوى

governance

شكر وتقدير

هذه أفكار مبعثرة عننت للكاتب خلال مسيرته المهنية والأكاديمية والاجتماعيـــة؛ ورأى مشاركتها على نطاق أرحب؛ إذ ربما وجدت من يتبناها، أو من يجود مدلولها، ويقـــوم معوجها، ويحكم زمامها، ويستفيد منها على نطاق واسع لواقع معاش أو ربما غد أفضل ومستقبل متطلع إليه.

والشكر متصل لكل من سمح بالتفكير وفق معياره وضوابط عمله ومنظومته المنهجيـــة والعلمية ويخص المؤلف بالشكر عظماء ومفكرين من جهابذة العلماء ســمحوا بـــوقتهم للاستماع لأفكار مختلفة وألهموا بوجدانهم البحث حول مفاهيم تنشد التقـــدم والازدهـــار ومنهم على سبيل المثال لا الحصر الأستاذ الدكتور المهندس العالم النحرير/ عز للـــدين محمد عثمان، والدكتور الفيلسوف والسياسي المحنك/ إبراهيم أحمـــد عمـــر، والأســـتاذ الدكتور العالم/ الزبير بشير طه، والدكتورة الملهمة/ إخلاص عثمان عبـــد الله حمـــد، والمربي الفذ/ عبد الباسط عبد الماجد، والفضلى المثقفة الوطنية/ فاطمة بلية، والفضلى المبدعة/ آمال رباح، والأستاذة الدكتورة العبقرية/ إلهام منير بدور، والأستاذ الـــدكتور الصديق الودود/ الصادق حسن الصادق، والدكتور الانسان/ عبد الرحمن بـــن صـــالح حريري، والأستاذة الدكتورة المفكرة/ الجازي بنت عبد الله العفالق، والاعلامية الجليلة/ لبنى عصام الدين، والشاعرة الأديبة المهندسة/ تسنيم عصام الدين، والشاعر المرهـــف الدكتور/ محمد عصام الدين، والشاعر الدكتور المهندس/ هشام عصام الدين، والأسستاذ الدكتور الانسان/ زهير الفاضل الأبجر.

1- هيئة بحوث المياه: تحت شعار "الماء تراث وثروة"

أ.د.م.م. عصام محمد عبد الماجد

قدمت لمجلس وزارة العلوم والتكنولوجيا، 2007

1. مقدمة

من المتفق عليه عالميا عبر المنتديات والمؤتمرات (مثل: قمة الأرض للتنمية الاجتماعية بكوبنهاجن في 1995م، والمؤتمر العالمي للأمم المتحدة للسكان والتنمية بالقاهرة في 1994م ، ومؤتمر الأمم المتحدة والتنمية في ريوديا جانيرو في 1992م) أهمية حسن إدارة الموارد المائية الآمنة، ولتمكين الاقتصاد السليم، ولاستدامة النظم البيئية، ولتخفيف الضغط المتنامي علي الموارد المائية، ولتحقيق أهداف الأمن المائي لكافة المستهلكين والمستخدمين في إطار موازنة حملية المورد المائي والاستخدام الرشيد له، ولمقاصد مفهوم التنمية والعمران خاصة فيما يتعلق بكل من: مشاكل سوء التغذية، والفقر المدقع، ومعدل وفيات الرضع والأطفال، وقضايا التنمية المستدامة، والمحافظة علي الموارد البيئية، والإصحاح الصحي، وتوفير الماء العذب .

تعني إدارة القطاع المائي بالأفرع المتخصصة بالمصادر المائية وتلك المستخدمة للماء حسب الترخيص والإذن المصدق به من قبل السلطات ذات الصلة وفقا للوائح والضوابط والمعايير القانونية. ومن الواجب أن تستند تنمية الماء وإدارته علي طرق المشاركة التي تضم قطاعات متفاوتة من المهندسين وصناع الماء وجهات التخطيط والتمويل والسياسة والجمهور المستهلك. وربما كان الأنسب أن تقوم كل منطقة حوض ساكب، أو إقليم مائي، بوضع النظم الإدارية والتخطيط الإداري الخاص به وفق الاختلافات الايكولوجية والبيئية والجغرافية والفنية الهيدرولوجية والسياسية والاجتماعية والثقافية السائدة بالمنطقة. ومن الأفضل للإدارة الفاعلة الفصل بين الوحدات التي تتعامل مع

الماء بوصفه مصدرا وموردا، وبين تلك الوحدات المستخدمة للماء والقائمة علي تنميته، وبين الوحدات المختصة بضبط الجودة والمواصفات .

2. مشاكل المياه في السودان

تعمل عدة جهات في مجال بحوث المياه والدراسات المائية في محاور المصادر والموارد، والري، والهيدروليكا، والصرف الصحي وغيرها من المحاور المختلفة في تنسيق بين أحياناً وفي معزل عن بعضها البعض في معظم الأحيان (أنظر مرفق 1). ومن أهم المشاكل التي لم تحظ بقدر مناسب من الاهتمام قضية الإدارة المائية والتي ينبغي أن يركز عليها البحث العلمي وأن تترجم النتائج المتحصل عليها إلى حلول واقعية وعملية عبر مشاريع وبرامج يسهل الوصول إليها وتطبيقها. ومن أهم المشاكل المائية الرئيسة التي ينبغي طرحها في إطار البحث العلمي في الإدارة المائية التالي:

- وضع سياسة البحث العلمي الشاملة في الإدارة المائية وتحديد أطر تفعيلها مع الجهات ذات الصلة وتحديد دور كل جهة لإمكانية تطبيقها والاستفادة منها.
- بيان الأوضاع المؤسسية لإدارة المشاكل المتعلقة بالماء واستنباط الحلول الملائمة لها.
- رفع التوعية والإرشاد حول أهمية البحث العلمي في الإدارة المائية لإيجاد حلول للأزمات المائية وترفيع خدمتها وابتكار المبادرات المفيدة لها.
- البحث العلمي لاستنباط أطر لرفع الوعي العام، وبناء المعرفة في إطار الإدارة الأفضل للموارد المائية.
- تحديد أطر مساعدة لنقل الإدارة للمنظمات الحاكمة وجمهور المستخدمين والمستفيدين والمستثمرين (إدارة المجتمع) وتضمينهم في عملية صنع القرار منذ البداية.
- توفير الدعم الفني والتمويل المستدام للمنظمات الاجتماعية وغيرها.
- إيجاد الأسلوب المناسب لتوثيق نجاحات البحث العلمي وإخفاقاته في الإدارة المائية.
- مشاركة القطاع الخاص في البحث العلمي في الإدارة المائية في شراكة مع المنظمات المحلية والإقليمية والعالمية ذات الصلة.
- بناء القدرات والتنمية البشرية في مجال البحث العلمي للإدارة المائية بالتركيز علي تدريب النساء لما لهن من أثر بين فيها.

- إدخال مفردات البحث العلمي للإدارة المائية في المناهج الدراسية ذات الصلة والعمل علي تحضير المواد والحزم التعليمية الصحيحة والدقيقة وتشجيع منافسات الكتلبة والرسم في الإدارة المائية المستدامة.
- حصر القوانين المائية ذات الصلة وسن القانون النافذ المرن للذي يوطد الحقوق والالتزامات لكل المساهمين ويفرض الإدارة المتكاملة في الموارد المائية.
- الاهتمام بالقوانين ذات الصلة بإدارة الماء وسبل القضاء التفاوضية والمعاهدات ذات الصلة مع الدول المتشاطئة مع السودان .
- البحث العلمي حول التعريفة والعدل ودعم الفقير في إطار الإدارة الفاعلة والناجحة للموارد المائية.
- تطوير البحث العلمي في الإدارة المائية للصناعات المستخدمة لكميات كبيرة من الماء أو المنتجة لملوثات ضارة بالموارد وتطوير الصناعة المعتمدة علي التقانات المائية الجيدة.
- تطوير البحث العلمي المتصل بقضايا الإعلام عن الإدارة المائية الجيدة .
- تركيز قضايا البحث العلمي علي الاقتصاديات الفقيرة والإبداعات التكنولوجية زهيدة الثمن والنظيفة.
- تبني المراكز والمعاهد البحثية لمعايير وبروتوكولات وسياسات مناسبة لضمان جودة البيانات والمعلومات وسهولة الوصول إليها واستخدامها وحفظها عن القضايا المائية.
- الاهتمام بالبحث العلمي حول إدارة المخاطر لتوفير الأمن من الفيضانات والجفاف والتلوث وأمراض الماء والمخاطر الاقتصادية.

3) حقائق يجب التفكر فيها

يأتي البحث العلمي في مجال إدارة المياه كأهم دعامة من دعامات الاستغلال الأمثل للموارد المائية نسبة للحقائق والمسلمات التالية :

- يصنف السودان ضمن الدول الأفريقية جنوب الصحراء التي تعاني شحاً مزمناً في المياه. حيث يتوقع ألا يتجاوز نصيب الفرد حوالي 850 م 3 بحلول عام 2025 ، بينما يتعدى نصيب الفرد في بعض الدول المجاورة حينها 15000م 3 في العام.

- بحكم المناخ تستهلك الزراعة المروية ما يزيد قليلاً عن 90% من جملة استهلاك البلاد من المياه وأن أساليب الري المتبعة لم تعد تواكب التطور والتقانة بالقدر المطلوب تحديدا فيما يخص القيمة الحقيقة لمستلزم الماء.
- هناك احتياج متنام للدول المشاركة في حوض النيل للاستفادة من مياه النيل المحدودة لمقابلة تزايد السكان المطرد وتحول أنماط الحياة.
- أكثر من نصف مساحة حوض النيل تقع داخل السودان والذي تقع جل مساحته داخلها.
- تربو الثروة الحيوانية بالسودان على 130 مليون رأس تحتاج فسيولوجياً للماء بطرق مباشرة وغير مباشرة.
- جميع مواردنا المائية ذات خاصية موسمية تفرض علينا اتخاذ التدابير والتحوط اللازم من استدامة الاستفادة، ومن أجل درء الآثار السالبة.
- هنالك فواقد مائية معتبرة تستوجب الالتفات إليها والاستفادة منها.
- المعرفة بالمياه الجوفية ضعيفة إلى حد تتضارب فيه المعلومات والبيانات المتاحة.
-
- يمكن تدوين أهم تبعات خصائص الموارد النيلية والتي تستوجب عملا مؤسسا ومعرفة أدق بالمسببات والنتائج في الآتي:
- تعاظم تكلفة إمداد المشاريع المروية بالمياه وذلك لضرورة اللجوء إلى مشاريع ومنشآت تحكم باهظة التكلفة وقد يكون لتلك المشاريع آثارها السالبة.
- ندرة المياه وصعوبات الري في مواسم الجفاف بسبب تدني المناسيب وشرود المياه عن مضارب المضخات.
- استفحال الظواهر الطبيعية السالبة في مجري النيل والمتمثلة في التعرجات والهدام وظهور الجزائر والألسن الرملية واختفاء كثير من الجزائر والمساحات المستثمرة (زراعية وعمرانية).
- تنامي خطر الاطماء الذي يهدد بفقدان قدر لا يستهان به من السعة التخزينية للخزانات القائمة. كما لهذه الظاهرة أثر واضح علي أداء المشاريع المروية حيث يمثل إزالة الاطماء الهاجس الأول بالنسبة للقائمين بأمر إدارة مياه الري.
- بعدم التمكن من استثمار الكم الهائل من مياه المطر يمكن تدوين أهم تبعات خصائص الأمطار والتي تؤدي مباشرة إلى اختلال التوازن البيئي في البلاد في الآتي:

- عدم استقرار الإنتاج الزراعي المطري وتدنيه الكبير.
- تواصل انجراف التربة بفعل الجفاف واندثار الغطاء النباتي وامتداد حزام الصحراء نحو الجنوب.
- عدم توفر مياه الشرب للإنسان والحيوان في مواسم الجفاف.
- ظاهرة النزوح إلى المدن أو المناطق ذات الوفرة المائية مما يوجد تنافسا غير مرغوب فيه في مواقع بعينها.
- بينما تتمثل أهم تبعات خصائص المياه الجوفية في عدم التمكن من تنفيذ برامج التنمية المتوازنة في البلاد .

كما هو الحال في الدول النامية الواقعة في المناطق القاحلة فان الزراعة المروية هي المستهلك الرئيس للموارد المائية المتاحة. ومن المتوقع أن نفوق الاحتياجات المائية بحلول عام 2010 مواردنا المائية التقليدية مما يستوجب إتباع المناهج والأساليب العلمية اللازمة لتأمين ظروف الحياة ولا يتأتى هذا إلا عبر البحوث والدراسات المناسبة.

4) مجالات بحوث الإدارة المائية

من أهم مجالات بحوث الإدارة المائية التالي:

- البحوث المتقدمة والجارية: يوجد قدر لا يستهان به من بحوث ودراسات تمت وتجرى الآن في مجال الإدارة المائية وهي على النحو التالي:
- ترشيد استهلاك مياه الري: حيث شملت البحوث والدراسات كلاً من المقننات المائية، وكفاءة استخدام مياه الري تحت أساليب الري العديدة، وأساليب الإدارة المختلفة، واستخدام التقانة في مناطق تعتمد على الموارد المائية غير النيلية.
- تطوير مصادر المياه السطحية العابرة: تشمل الدراسات الموجهة لزيادة الإيراد والتمكين من الاستخدام التام لنصيب البلاد من مياه النيل عن طريق التحويل والتخزين وتقليل الآثار السالبة (مثل الإطماء والهدام والبيئة منها الدراسات والأبحاث حول تأثير السدود على المناخ، وأبحاث فواقد البخر من المسطحات المائية القائمة والمقترحة، وعمليات الرصد، وتنمية وتطوير مصادر المياه مع الدول المشاركة في حوض النيل.
- تطوير مصادر مياه الأمطار: دراسات عن المطر وحصاد المياه.

- تنمية المياه الجوفية: بالاستفادة من الآبار التجريبيـــة للدراســـات الهيدرولوجيـــة والجيوفيزيائية.

5) البحوث والدراسات في إدارة المياه

تمتيناً للمعرفة وتجويداً للإدارة فإن تحسين إدارة المياه يحتاج إلى قدر كبير من البحوث والدراسات التي تضم:

- تأسيس الخريطة المائية: التي تعد من أهم نتائج البحث العلمي حيث يمكن بوساطتها تحديد كميات المياه ومعرفة كنهها وخصائصها في المواقع المختلفة وبموجبها يمكـــن إرساء برامج التنمية المتوازنة في البلاد حيث يساعد هذا في تخصيص المياه لأوجه الاستهلاك أو الاستخدام المتنافسة على أسس يتم تحديدها مسبقاً. ويتطلب الأمر تقويم الموارد المائية ومعرفة خصائصها بما لا يدع مجالاً للشك والاحتمالات الخاطئة.

- مورفولوجية النيل وفروعه: كغيره من الأنهار الغرينية فلنهر النيل وفروعه تغيرات مورفولوجية عبر الزمان والمكان. ولكونه يشق ترسبات غرينية فإن للنيل حريـــة كبيرة في الحركة وتغيير مجراه من جانب لآخر. وتتحكم في سرعة التغيير ومداه كل من: الخصائص الهيدروليكية للنهر، والخصائص الميكانيكية لتربة الضفتين والقاع، وحجم وخصائص الطمي المحمول، وتدخل الإنسان غير الموفقة والتي يقصد منهـــا في كل الأحوال التحكم في المياه أو توجيه التيار من موقع لآخر. رغم حجم العمـــل الكبير الذي تغطيه دراسة هذه الخصائص إلا أنها جديرة بالبحث وذلك لما لها من عدة آثار سالبة يصعب تجزئتها عن بعض، نذكر منها: ظاهرة الهـــدام المســـتفحلة في الولاية الشمالية، وظاهرة شرود المياه عن مضارب المضخات في أوقات التحــاريق رغم تشييد هذه المضخات على مواقع سليمة أثناء تنفيذها، وظاهرة نشوء الجزائـــر والألسن الرملية، وظاهرة تلاشي الجزائر المأهولة واندثار المواقع المستثمرة.

- التنبؤ بالكوارث: تعتبر الفيضانات المدمرة وموجات الجفاف الحادة كوارث محققة يستوعب التكهن بها والاستعداد لها قبل حدوثها حيث تساعد هذه المعرفة على اتخـــاذ التحوطات اللازمة لإدارة المياه والاستفادة منها قدر المستطاع مع العمل علـــى درء الآثار السالبة لأي من الظاهرتين. يتطلب العمل في هذا المجال من البحوث تضافر جهود دول حوض النيل بصفة عامة ودول الحوض الشرقي بصفة خاصة وذلك نسبة للأثر الأكبر لكل منظومة النيل الأزرق ونهر عطبرة على انفعالات النيل داخل

البلاد. يتعدى هذا المجال من البحوث ليشمل الأمطار والسيول حيث يستوجب تضافر جهود كل المعنيين داخل البلاد من تشريعيين وتنفيذيين وإعلاميين (للوعي المائي) ...الخ.

- تطوير المياه العابرة: يشمل هذا المجال تلك الدراسات المواجهة لزيادة الإيراد والتمكين من الاستخدام الكامل للمياه المتاحة بالصورة المثلى. كما يشمل هذا المجال تلك الدراسات والأبحاث الجارية على منطقة السدود في جنوب السودان. يتطلب المجال البحثي تضافر دول الحوض للعمل على زيادة الإيراد وتقليل الآثار السالبة المتوقعة مثل النحر وانجراف التربة والتغيرات البيئية المتمثلة في إدارة الحوض.
- تطوير مياه المطر: تذبذبات الأمطار على المدى الزماني وتغيراتها على المدى المكاني تجعلان من الأهمية بمكان العمل على معرفة كنه المطر بمستوى يؤمَن الاستثمار اعتمادا على هذا المورد المهم. كما تتطلب البحوث في هذا المجال توفير مياه الشرب العذبة وإيجاد المحاصيل الزراعية المناسبة والتقنيات السليمة وأهمها حصاد المياه.
- التوليد الكهربائي من مساقط منخفضة: تذخر البلاد بمساقط مائية منخفضة منها الطبيعية ومنها الاصطناعية مثل القناطر على الترعة الرئيسة في المشاريع القومية. وبقليل من الجهد والبحوث يمكن الاستفادة من هذه المساقط في توليد الكهرباء.
- إدارة الخزانات: رغم ما يوفره التخزين من مياه يستفاد منها في أوقات الحاجة هنالك آثار سالبة كثيرة ومجالات بحوث واعدة أهمها: طبيعة الأطماء وأساليب الترسيب وآثارها على التخزين، وفواقد البخر من المسطحات المائية وكيفية تقليلها، والبحث عن أساليب الإدارة المناسبة تقليلاً للآثار السالبة وتجويداً للأداء لمنفعة الجهات المتنافسة على المياه المتاحة (زراعة، وصناعة، وكهرباء، وشرب...الخ).
- الزراعة المروية والتي تستهلك معظم المياه ونسبة لتعدد مجالات البحث الخصبة في إدارة مياه الري والتنمية الزراعية فلا بد من إفراد بحث لإدارة مياه الري فيما يتعلق بكل من الري الحقلي ونظمه، والمحاصيل الزراعية، وللدورات الزراعية، والإنتاجية، و الاحتياجات المائية، وإدارة الري.

6) مبررات قيام هيئة بحوث المياه

تستدعي متطلبات البحث في إدارة المياه قيام هيئة لبحوث المياه من أجل:

1. إنشاء بنك المعلومات والبيانات المائية والتوثيق المائي بالتنسيق مع كافة الجهات ذات الصلة محلياً وإقليميا وعالمياً.

2. المساهمة في وضع خطة الدولة للإدارة المتكاملة للموارد المائية وتطويرها.

3. توحيد الرؤية العامة بإيجاد سياسات وموجهات تحدد أطر البحث العلمي وأهدافه في مجال الإدارة المائية.

4. التنسيق والتعاون وتعزيز الاستفادة من الموارد المتاحة لتقويم الأداء وبلورة الأفكــار وتقريب الشقة بين كل الجهات والمؤسسات العاملة في مجالات بحوث المياه وإدارتها. ويجب أن يتعدى التنسيق المستوي القومي ليشمل دول حوض النيل.

5. إيجاد قاعدة معلوماتية متاحة للمهتمين والمختصين. وتجميع وتوثيق البحوث المنتهية في مجال إدارة المياه,

6. بناء قدرات المؤسسات التي تعمل في مجال إدارة المياه في شكل: توفير أجهزة معينة حديثة، وتدريب الأطر داخلياً وخارجياً، وتسهيل حـضور البـاحـثين ومـشـاركتهم في المـؤتمرات الدولية والمحلية.

7. الارتقاء بالوعي المائي والإرشاد عبر السبل المتاحة (تعليمية وإرشادية).

8. تمويل بحوث إدارة المياه بوساطة الدولة والقطاع الخاص.

9. الإشراف على خطط واستراتيجية البحث العلمي بالدولة بالتنسيق مع الجهات العاملة في مجال المياه.

10. إنشاء معمل مرجعي قياسي لتحاليل المياه.

11. المشاركة في تقويم المياه في القطاعين العام والخاص.

12. المشاركة في وضع المقاييس والمواصفات وضبط الجودة المائية.

13. المساهمة في الاستشارات المائية.

14. وضع خطة التدريب والتأهيل وبناء القدرات والتنمية البشرية في مجال المياه.

15. المساهمة في نقل المعرفة والتكنولوجيا في علوم المياه.

16. الإشراف على تطوير تقانات المياه المحلية.

17. المساهمة في قضايا الملكية الفكرية والصناعية للمنتجات والتقانات المائية.

18. توحيد الجهود العاملة في مجال المياه من أجل التنسيق والتعاون.

19. تعزيز بحوث المياه والسلام والشراكات المائية للولايات والأقاليم والدول المتشاطئة.

20. حوار المياه وفض النزاع ودراسات الأمن المائي

21. تفعيل قضايا الإدارة المتكاملة للموارد المائية وربطها مع المنظمات والهيئات العاملة في المجال.

22. المساهمة في وضع القوانين والمقننات المائية وترقيتها وتطويرها.

23. المشاركة في وضع المناهج المائية للتعليم العام والعالي بناء على الواقع المعاش.

24. إجراء الدراسات حول اقتصاديات المياه ومبادئ الدفع للتلوث.

25. إجراء الدراسات حول صحة الماء والصحة العمومية.

26. إنشاء جسم مرجعي يوحد الجهات العاملة في بحوث الماء وربطها بمؤسسات الإدارة المائية ومؤسسات المجتمع المدني.

27. العمل على تطبيق نتائج البحوث التطبيقية مع جهات الاختصاص.

7) قضايا عامة

14. عنوان المشروع: هيئة بحوث المياه.

15. تاريخ البداية المتوقع: مارس 2006 أو حال صدور قرار إنشاء الهيئة من جهات الاختصاص وإجازة قانونها.

16. المجالات المنشودة التي تعمل فيها الهيئة: القطاع الرئيس المنشود هو مجال الدراسات المائية والبحوث التطبيقية المتعلقة بالمياه والذي يشمل:

- تكنولوجيا المياه وصناعتها.
- المياه والبيئة (تلوث المياه وطرق معالجتها ومعالجة وإعادة استخدام المياه العادمة ... الخ).
- العلوم والمعارف المائية.
- خدمات المياه، والمعدات المختبرية والحقلية
- إدارة المياه وعلومها وهندستها
- الأمن المائي وفض النزاع.
- الإدارة المتكاملة للموارد المائية
- حصاد المياه
- القوانين والتشريعات المائية.
- اقتصاديات المياه والاتجار فيها.

17. اسم المؤسسة: هيئة بحوث المياه بوزارة العلوم والتكنولوجيا. الخرطـــــــوم، ص. ب. 2404، السودان، فاكس: 83 472362

18. الأقسام والشعب: قسم المياه الجوفية، والمياه السطحية، وتكنولوجيا المياه، وحصـــاد المياه، والإدارة المتكاملة للموارد المائية، وجودة المياه، والمقننات المائية، والمعمـــل المرجعي للتحاليل المائية، وثقافة وإعلام المياه.

19. الجهات ذات الصلة والعمل المشترك (انظر مرفق 1):

• وزارة العلوم والتكنولوجيا: (هيئة البحوث والتقانات الزراعية، وهيئة بحوث للـــثروة الحيوانية، والمركز القومي للبحوث، و مركز البحوث والاستشارات الصناعية، و هيئة الطاقة الذرية، و قطاع الطاقة وعلوم الأرض).

• أكاديمية السودان للعلوم.

• وزارة الري والموارد المائية.

• مبادرة حوض النيل.

• مؤسسات التعليم العالي والبحث العلمي ذات الصلة بقضايا المياه.

• منظمات المجتمع المدني ذات الصلة.

• المنظمات والمؤسسات المحلية والإقليمية والعالمية ذات الصلة.

• وحدة السدود برئاسة الجمهورية.

• القوات المسلحة السودانية.

• الخبراء الأفراد، والخبرات الفردية السودانية.

20. مدير الهيئة أو شخص الاتصال: يعين لاحقاً.

21. عنوان المراسلة الكامل: وزارة العلوم والتكنولوجيا، ص . ب 2404، الخرطوم، السودان. هاتف مكتب: 83478805. سيار: 0912397054. فاكس:473262 أو 83481583. بريد إلكتروني: isam_abdelmagid@yahoo.com

22. اختيار المكان المناسب ليستوعب المكاتب المقترحة التالية للهيئة: مكتب المدير، ومكاتب رؤساء الأقسام والشعب، ومكاتب الأطر المساعدة، وقاعة اجتماعات، وقاعة مؤتمرات، ومقر المكتبة، ومعمل الحاسوب، المعامل والمختبرات.

8) وصف الهيئة:

1) سمة الهيئة: السمة المميزة للهيئة بغرض تطوير دراسات بحوث وتكنولوجيا المياه، ولتعزيز الدراسات العليا للطلاب والباحثين وخدمة أبحاثهم وتدريبهم وتقوية إدراكهم

العام كي يصبح لهم بعد إقليمي وعالمي لكافة الطلاب والمدرسين وللباحثين من مختلف مؤسسات التعليم والبحث العلمي من داخل السودان أو من خارجه لتلك المنظمات التي تربطها بوزارة العلوم والتكنولوجيا اتفاقيات توأمة أو برتوكولات موقعة أو خطابات تفاهم. كما وتقوم الهيئة باستخدام الدورات التدريبية طويلة الأجل أو قصيرته في مجال التخصص بالإضافة إلى الدراسات والاستشارات التكنولوجية، ونقل التقانة، وتنمية المجتمع لتجويد الأداء، والإرشاد المائي.

2) دور الهيئة في بناء القدرات: إن قطاع المياه قطاع حيوي ومهم بالنسبة للاقتصاد العام ويؤمن السلامة والأمن للصناعات والقطاعات ذات الصلة ويقدم خدمات اجتماعية عامة، وخاصة، ويؤمن فرص عمل ووظائف جديدة للقوى العاملة. إن المهمة الأساسية للهيئة والأعمال النوعية التي يمكن أن تؤديها تحدد على أساس المبادئ العامة للوزارة، والتي تحض على إجراء البحوث والتدريب والتأهيل لتحسين أمور المياه بشكل عام ولتفيد الجمهور المستخدم بشكل خاص وذلك من خلال:

-تطوير الكفاءات البشرية، وبناء القدرات، ورفع مستواها كي تسهم في رفع وتيرة العمل ومستواه، وتأمينه وسلامته.

-تأمين متطلبات البحث العلمي.

-نقل وتطوير التكنولوجيا المناسبة والملائمة والتكيُّف معها.

-القيام بحملات الاطلاع والتوعية الأمنية والسلامة المهنية.

-القيام بإجراء الدورات التدريبية وورش العمل والمحاضرات والندوات.

-رفع مستوى كفاءات المؤسسات التي تشارك بهذه الأعمال المهمة.

بمقدور الهيئة أن تؤدي دوراً ريادياً في فهم قضايا المياه من خلال التعاون والتنسيق مع فعاليات المؤسسات ذات الصلة في كافة القطاعات المهتمة محلياً وإقليمياً وعالمياً.

9) الأهداف القريبة والبعيدة:

الأهداف القريبة:

1) تعزيز القدرات التدريبية والبحثية لإجراء وتفعيل مجال البحوث والدراسات العلمية في تنمية وإدارة الموارد المائية.

2) تطوير الخبرات العاملة في مجال قضايا البحوث المائية كي تساهم بشكل فعال بالجهد المبذول محلياً وإقليمياً وعالمياً.

3) الاشتراك في الشبكات والروابط العالمية للأبحاث في مجال المياه.

4) نشر نتائج الأبحاث في مجال المياه وتقديمها كبرامج توعية للمهتمين.

5) إقامة علاقات وطيدة ذات طابع أكاديمي وبحثي مع المؤسسات والمنظمات المحلية والعالمية.

6) التنسيق والتعاون النوعي والفعَّال مع كافة المستويات لإنجاز أهداف الهيئة.

7) تقديم الدعم للتدريبات والقدرات البحثية في مجالات الهيئة مع متابعة ما يطرأ مـــن تطورات في مجال المياه محلياً وإقليماً وعالمياً.

<u>الأهداف البعيدة:</u>

1) تعزيز التنمية المستدامة لموارد المياه.

2) تبني نهج الإدارة المتكاملة للمياه في السودان.

3) إنشاء هيئة على مستوى متميز لتطوير البحث في مجالات تنمية وإدارة المياه.

<u>10) آليات التنفيذ:</u>

1) تنسيق مشاريع البحث المحلية والإقليمية بشكل متكامل مع الخطط والاسـتراتيجيات الشاملة المقترحة.

2) إقامة برامج التدريب والتأهيل لكل المستويات ضمن برامج أكاديمية السودان للعلـــوم والمؤسسات الأكاديمية ذات الصلة.

3) تنسيق وضبط آلية المشاريع البحثية في المياه حتى تتكامل مع الخطط بين الدول وثيقة الصلة بالموضوع.

4) إقامة شبكة محلية وإقليمية للأبحاث في مجال المياه بالتعاون مع الجامعـــات المحليـــة والإقليمية المهتمة بالموضوع.

5) إنشاء بنك معلومات وثائقي كخدمة للشركاء في مجال المياه.

6) التعاون والتنسيق مع كافة القطاعات المهتمة بالموضوع مثل المنظمـــات الطوعيـــة والمنظمات غير الحكومية من حيث التوجيه والتطوير وإعداد برامج العمل.

7) إحصاء وتوثيق السيرة الذاتية لكل الخبراء والباحثين في المياه لإشراكهم بفعالية فـــي نشاطات الهيئة.

8) الإعداد لمؤتمرات وندوات علمية دورية وحلقات تدريبية مستمرة.

11) الأطر المستهدفة في البرامج التدريبية للهيئة:

- الطاقم البحثي والتعليمي في الجامعات والمعاهد المحلية والإقليمية.
- العاملون داخل الوزارات والمؤسسات النظيرة.
- القائمون على إدارة وتطوير مشاريع المياه.
- طاقم المنظمات الدولية ومشاريعها ذات الصلة.
- الهيئة التعليمية في مستوى التعليم الأساس والعالي.
- خريجو الدراسات العليا الراغبين في العمل في هذا المجال.

12) البرامج والأنشطة بالهيئة:

1) البحث العلمي التطبيقي: إجراء البحوث والدراسات التي تهدف إلى تحقيق التنمية المستدامة لموارد المياه من خلال مشاريع بحث:

- محلية مفصلية (ربط البحوث الإقليمية مع بعضها).
- عالمية لربط المشاريع الوطنية مع هيئة التدريس في المعاهد الوطنية والعالمية.
- للدراسات العليا.

2) التدريب والتأهيل وبناء القدرات:

- التدريب المستمر لكل المستويات: سوف تقوم الهيئة بتنظيم كورسات تدريبية قصيرة وورش عمل وإقامة حلقات بحث لرفع مستوى تأهيل الكادر التعليمي والبحثي في قطاعات مختلفة كالمعاهد والمنظمات ومؤسسات المياه وهذا يعود بالفائدة مع كل العاملين في هذه القطاعات، ويأخذ البرنامج أهمية محلية، وإقليمية، وعالمية.
- برامج الدراسات فوق الجامعية والدراسات البحثية العليا: تأهيل الأطر للعمل في مجال الإدارة المتكاملة للمياه عن طريق الدراسات البحثية.

3) المشاركة في وضع ودعم خطط واستراتيجيات تنمية وإدارة المياه.

4) نقل التقانة والإرشاد.

5) زيارات الأساتذة والخبراء: دعوة الأساتذة والخبراء المتميزين في حقل المياه للمشاركة في المؤتمرات، والندوات، وحلقات البحث والنقاش لدعم فعاليات النشاط العلمي بأفكارهم وأطروحاتهم وأبحاثهم والإشراف على الدرجات العلمية.

6) المنح: تقديم منح داخلية وخارجية للمرشحين، وبشكل خاص للدول المجاورة من أجل التحضير للدرجات العليا في أكاديمية السودان للعلوم.

7) المساهمة في تطوير التعليم الأساسي ورفع الوعي المائي للمجتمع.

8) إصدار مجلة علمية، ومنشورات ومراشد، وإصدارات أخرى.

13) النتائج المتوقعة:

- بشكل عام سوف تكون للهيئة من خلال دعمها للتعليم والبحث العلمي موقعاً مهماً تؤدي من خلاله دوراً فاعلاً على المستوى الإقليمي وللدولي في مجال المياه، والتدريب على هذه المهارات ويمكن توقع النتائج التالية:

  - المساهمة في حل المشاكل ذات الصلة بالمياه من خلال بحوث الطاقم الوطني والدراسات العليا.

  - سوف تلعب الهيئة دوراً ريادياً في برامج الاهتمامات العامة محلياً وخارجياً.

  - في مجال للدراسات العليا: سوف يتخرج عدد مقدر من الدارسين محلياً وإقليمياً.

  - سوف تؤسس الهيئة علاقات مع مراكز البحث والجامعات الدولية، والإقليمية والمحلية ذات الصلة بأعماله.

  - سوف تنشأ مكتبة متخصصة ومركز توثيق بحثي في مجال أعمال الهيئة.

  - سوف يقام بنك معلومات وتوثيق بحثي في مجال المياه.

  - سوف تقدم الهيئة عملاً استشارياً وإرشادياً من خلال وحدات مهتمة مع كلفة المستويات.

  - بناء شبكة ترابط الكترونية مع الجهات العاملة في مجال بحوث المياه.

14) معلومات أخرى متعلقة بالموضوع:

1) النقاط التالية سوف تدعم مشروع الهيئة:

- العديد من الدول المجاورة مهتمة بقضايا المياه.

- وزارة العلوم والتكنولوجيا بها أكاديمية السودان للعلوم وهي جامعة حكومية ولها علاقات متميزة محلياً ودولياً مع الجامعات ومؤسسات التعليم العالي والبحث العلمي الأخرى.

- تواجد الوحدات المهتمة والعاملة في مجال المياه ضمن هيئات وزارة العلوم والتكنولوجيا مثل هيئة البحوث الزراعية، وهيئة بحوث للثروة الحيوانية، والمركز القومي للبحوث، ومركز البحوث والاستشارات الصناعية.

2) المشاركة، والاتصال الشبكي:

المعاهد والمؤسسات الوطنية الممثلة في مجلس الهيئة:

- وزارة الري والموارد المائية، ووزارة الصحة، ووزارة العون الإنساني، ووزارة المالية والاقتصاد الوطني، ووزارة الزراعة، ووزارة الثروة الحيوانية.
- مجالس التنسيق والمراكز العلمية، والمعاهد بالاتحاد الفدرالي لأكاديمية السودان للعلوم ذات الصلة.
- الباحثون في مجال المياه.
- المنظمات المحلية ذات الصلة.
- مؤسسات التعليم العالي والبحث العلمي العامة والخاصة ذات الصلة.
- المؤسسات الإقليمية والعالمية ممثلة في:
- المؤسسات المحلية من داخل دول الإيقاد، ودول الخليج العربي.
- المعاهد الإقليمية: تتعاون الهيئة مع بعض المعاهد الإقليمية ذات الصلة.
- المنظمات الدولية: المستهدف تأسيس روابط جامعية مع بعض الجامعات الأمريكية، والاسترالية، والأوربية ذات الصلة بقضايا المياه.

15) التمويل والدعم المادي للهيئة:

أ) الميزانية العامة: تضم أجندة ميزانية الهيئة التالي:

- المعامل والمختبرات للتحاليل الميكروبيولوجية والحيوية والكيميائية والفيزيائية والقياسية والجودة.
- رواتب الموظفين ومخصصات العاملين: أستاذ كرسي، و 7 أستاذ مشارك (رؤساء الأقسام والشعب)، و 14 أستاذ مساعد، وأستاذ زائر من الخارج، واختصاصي حاسوب، وخبيري حاسوب، ومكتبي، ومدير علاقات علمة، ومحاسب، وسكرتارية، وسائق، ومراسلة، ومراقبي دوام، وحارس.
- التجهيزات المكتبية: عدد 40 حاسوب ، وهواتف، وفاكس، وخدمة انترنت(DSL)، وجهاز تصوير فوتغرافي، وماكينة تصوير، ومساعدات صوتية أخرى، ومكتبة إلكترونية.
- النقل: سيارة صالون واحدة لمدير الهيئة، و 7 سيارات لرؤساء الأقسام والشعب، و 2 سيارة سفر للعمل الشبكي ونقل الباحثين، وحافلة لترحيل الموظفين، وسيارة للعمل الإداري اليومي، ودراجة نارية للمراسلة.
- المفروشات: المفروشات المكتبية الضرورية.
- احتياجات الاجتماعات، وورش العمل، والندوات، والمؤتمرات

- احتياجات البحث: مخصصات التجهيزات، والسفر، والمجلات، والدوريات، والكتب.
- المنح: من أجل الطلاب لمتابعة بحوثهم في مناطق البحث العلمي التطبيقي.
- الأدوات المكتبية: قرطاسية عادية، وأسطوانات مدمجة، وأقراص لدنـــة، وبرامـــج حاسوبية متخصصة.

ب) الميزانية المقترحة:

البند (المستند)	القيمة الإجمالية خلال سنة واحدة بالدولار الأمريكي
المعامل والمختبرات	840000
الرواتب	تضمن مع الفصل الأول
الأعباء (التكاليف) الإدارية	40,000
الورش والمعامل	200,000
مصاريف السفر لحضور الاجتماعات والمؤتمرات	50,000
الاجتماعات، والندوات، والمؤتمرات، وورش العمل	40,000
المنح	100,000
التوابع	30,000
المجموع	1300000

ج) ما تقدمه وزارة العلوم والتكنولوجيا: تساهم الوزارة بحوالي 100,000دولار أمريكي لتغطية تكاليف المكاتب، والمخابر، والملحقات، والهيئة المتعاونة.

د) الموارد المالية الإضافية المطلوبة:

- النقل: 2 سيارة، وحافلة، ودراجة نارية بقيمة 100,000 دولار أمريكي.
- مفروشات وأجهزة مكاتب: حاسوب، وفاكس، وبريد إلكتروني، وآلة تصوير، بقيمة 30,000 دولار.
- دعم إضافي لإجراء مشاريع بحوث ومصادقة مع مشاريع مختارة في مجال الميـــاه بقيمـــة 400,000 دولار أمريكي.

هـ) تبرعات مالية:

- ليس هنالك دعم مالي واضح للهيئة في الوقت الحاضر.
- الدعم المطلوب من السادة المتبرعين هو حوالي 360,000 دولار أمريكي.
- الدعم المالي الإضافي بحيث أن يكون حوالي 990,000 دولار أمريكي.

و) مصادر التمويل المقترحة: الوزارات ذات الصلة (العلوم والتكنولوجيا والتعليم العام والتعليم العالي والبحث العلمي والصحة والعدل والري والموارد المائية والنفط والطاقة) ومنظمة الأمم المتحدة للتربية والثقافة والعلوم ALECSO، وبرنامج الأمم المتحدة الإنمائي UNDP، ومنظمة الأمم المتحدة للتنمية الصناعية UNIDO، والبنك الدولي WB، والوكالة السويدية الدولية للتعاون الإنمائي Sida والمشاركة العالمية للمياه GWP ، واليونسكو UNESCO، واليونيسيف UNICEF، والمنظمات المهتمة بالمياه ومنظمات المجتمع المدني والقطاع الخاص (انظر مرفق 2).

16) المتابعة والتواصل: على صعيد التأسيس ستكون وزارة العلوم والتكنولوجيا المتابع لمشروع الهيئة.

17) عام:

- هذه الهيئة لها مجلس مستقل يمثل كل الجهات البحثية والمراكز الأخرى ذات الصلة بقضايا المياه، وسوف تقدم نشاطات بحثية وسياسات عامة بهذا المجال.
- تقوم أكاديمية السودان للعلوم بمنح الشهادات الدراسية من خلال القني الجامعية الرسمية.

2- البحث العلمي المستند على البرهان

أ. د. م. م. عصام محمد عبد الماجد[1]

مقدمة

قاد التقدم المطرد في البحث العلمي إلي استحداث أنواع منه تحقق التطبيق الفاعل لمخرجاته، وتنشد الجودة المتكاملة في نواتجه، وتبتغي التطور المتواصل في إنجازاته، وتسعي إلي التسويق المحقق لأرباحه، وتتطلع للإعلان المؤثر في استمراره. ومـن ثـم انبثقت أطر استناد البحث العلمي المستند على البراهين والمرتكز على الأدلـة الحقيقيـة والملموسة والمعاشة والواقعية مما اكسب هذا الفرع من العلوم حيثيات وشهرة ساعدت في تقدم التكنولوجيا والصناعات المتطورة.

تعريف البحث العلمي المستند على البرهان

يمكن تعريف البحث العلمي المستند على البرهان بعدة طرق منها على سـبيل المثـال لا الحصر:

1) أن البحث العلمي المستند على البرهان خطوة جديدة نسبياً هدفها النهائي تحديد أفضل البراهين المتاحة للاستخدام اللحظي في معالجة أي معضلة منفردة (1).

2) يعني البحث العلمي المستند على البرهان بفهم المخاطر، أو نزاع المصلحة الناتج من دعم الصناعة للبحث العلمي، ولكيلا تستخدم تحاليل البيانات العلميـة لتحقيـق أجندة خاصة خفية (النفاق، والتحيز، والفكر الأيدلوجي.......الخ) (2).

3) أن البحث العلمي المستند على البرهان منحى فكري أو فلسـفي أو مثـال نمـوذجي لممارسة موضوع معين يصلح للألفية الجديدة (3).

4) يسعى البحث العلمي المستند على البرهان لإيجاد معلومات مقارنة تفيد نحـو تقـديم حلول لظرف محدد.

---

[1] مدير أكاديمية السودان للعلوم

5) يخاطب البحث العلمي المستند على البرهان توازن مناسب بين النظرية والبرهان الافتراضي ذي الصلة، مما يتيح لصناع السياسة وأصحاب العمل والمنظمات والمسئولين تحليل واضح وقاطع وذي فهم عميق للقضايا المهمة، وتمنحهم سعة الأفق وبعد النظر حول هذه القضايا عبر الزمن، وتساعد في النظرة المستقبلة وتشكيل الأسباب الجوهرية للمستقبل (4).

فوائد البحث العلمي المستند على البرهان

من أهم فوائد البحث العلمي المستند على البرهان التالي:

1) التكوين الأفضل لاتخاذ القرار.

2) المخاطبة الملاءمة للتكهن لأي من المترتبات القانونية المؤذية المتوقع حــــدوثها بسبب قصر النظر في مشروع بحثي معين.

3) تحويل العمليات والجزاءات والمكافآت الخاضعة للخدمات.

4) الاهتمام الفعلي بكبار السن والمعمرين والفئات المستضعفة.

5) تنمية الخطوط التوجيهية للبحث العلمي الرفيع باستخدام مبادئي ممارسة الاستناد على البرهان.

6) مساعدة العلوم التي تعتمد بصورة كبرى على نتائج المحــــاولات العشــــوائية أو الافتراضية أو المشاهدات والملاحظات المتحكم فيها.

7) توفير رؤى علمية متوازنة أفاق بحثية هادئة وبيانات متكاملة متدبرة مستندة على البرهان.

8) نقل نواتج البحث وإتاحة قواعد المعرفة والأدوات أو الطرق للمنظمات والزبائن والمهتمين بها.

أهداف البحث العلمي المستند على البرهان ومراميه

أهم أهداف البحث العلمي المستند على البرهان ومراميه التالي:

1) تحقيق التوازن الملائم بين النظرية الصائبة والبرهان الافتراضي المناسب وإتاحته لصناع القرار (5).

2) تحديد السبب الحقيقي، والمسبب، ومستند الشرح لموضوع معطى وذلك من أجل توليد فهم أساسي للأسباب التي تخدمها القضية (أي السبب التكنولـــوجي لوجـــود التساؤل حول القضية) (6).

حدود برتوكول الاستناد على البرهان

تضم حدود برتوكول الاستناد على البرهان التالي:

1) البرهان البحثي الأفضل المتعلق بالبحث المنشور في مجلات مهنية محكمة، وأن يكون هذا البرهان قد خضع لمعايير الاختبارات الصارمة لطرق البحث ذات الجودة (مثلاً القياسات والعينات) والموجهات الصادقة للتصميم البحثي (مثلاً العشوائية والتحكم) والأطر المقبولة لتحليل البيانات (مثلاً القدرة والاختبارات الإحصائية الملاءمة).

2) البرهان المتاح والذي يبين أن البحث المتاح حالياً لم يظهر سابقاً (مثلاً النتائج المستندة على البرهان المتحصل عليها بالأمس، معتمدة على البرهان المتاح حالياً، ينبغي أن تجدد مع البرهان المتوفر حالياً). وينبغي عدم تقييد مصدر البرهان لاتصال مفرد واحد فقط.

3) الاستناد على البرهان ينبغي ربطه وتوجيهه لفائدة كل فرد مستفيد، مقارنة مع البحث العلمي التقليدي الذي يعطي معلومات مفيدة لمجموعة ما.

طريقة البحث العلمي المستند على البرهان

يمكن تبسيط طريقة البحث العلمي المستند على البرهان في للبروتوكول التنظيري والافتراضي التالي:

1) توخي صياغة الأسئلة المحكمة ذات الصلة.

2) إكمال البحث المنظم عن الدراسات السابقة المنشورة حول البحث العلمي المطلوب إجراؤه.

3) تقديم كل ورقة علمية على حدة في إطار طريقة البحث والتصميم وتحليل النتائج.

4) تطبيق البرهان المتحصل عليه في معالجة المفردة وتقويمها.

التمويل

يتطلب البحث العلمي المستند على البرهان التمويل المنفرد على أن تنساب تغذيته بطريقة مستمرة من جهات التمويل والدعم المالي وبمستويات متزايدة لاحتضان التطور التكنولوجي المتراكم والمتنامي. وينبغي تحديد تمويل مناسب لتوزيع النتائج على المستفيدين ومقدمي الخدمات وأصحاب المصلحة.

محدات الاستناد على البرهان

من أهم محدات الاستناد على البرهان ونواقصه وسلبياته هو عدم الواقعية (ضيق الزمن، وقلة الخبراء المطلوبين للقيام بالخطوات المهمة المرغوبة).

يبسط الشكل التالي الخطوات المتبعة لاستنباط حلول أي قضية بالاعتماد على البحث العلمي المستند على البرهان.

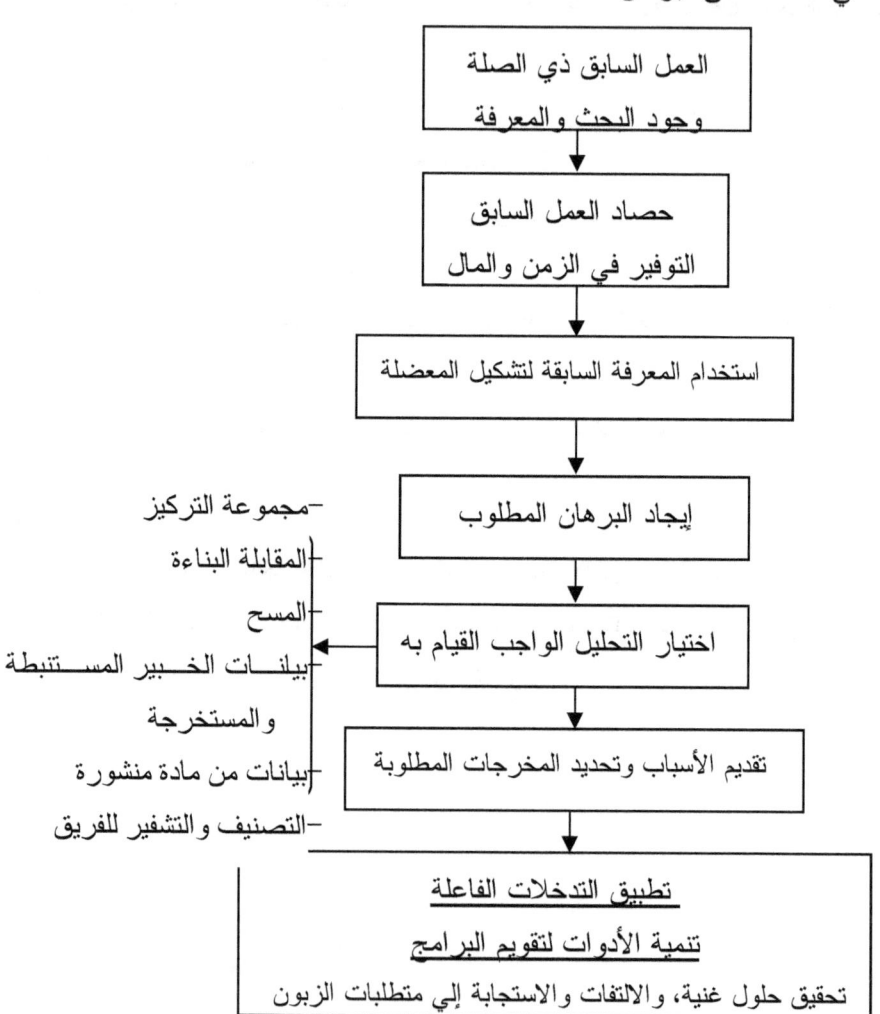

شكل (1) خطوات البحث العلمي المستند على البرهان لأي قضية أو معضلة

من أمثلة البحث العلمي المستند على البرهان للري والصرف

- المنافسة حول الموارد المائية الشحيحة.
- التأثير البيئي السلبي على نوعية المياه السطحية والجوفية.
- زيادة التكاليف المدخلة والأسعار الثابتة أو المتدنية للمحصول.
- الحيود على السرف والنوعية المتدنية للمياه الجوفية.
- الأثر السالب للجريان السطحي ومياه الصرف تحت الأرضي من الري الزراعي على نوعية المياه السطحية.
- ري المحاصيل المتناوبة مع مياه الصرف.
- تحسين جدولة الري لتقليل مياه الصرف.
- الضرر على الأحياء المائية من التلوث من غير مصادر النقطة(الجريان من المزرعة، الجريان الزراعي).
- تقليل التدفق المتوسط لمستوى المزرعة، (عبر أطر تفعيل التلوث) (أجهزة الري الحديثة، وإعادة استخدام مياه الصرف الصحي، والتغير في أنواع المحاصيل، والسرابات الأرضية المختارة في سنوات الجفاف... الخ).

التوصيات

لمواكبة عصر العولمة والتجارة العالمية وقواعد البيانات الإلكترونية المنسابة عبر العالم ولترفيع الأداء البحثي ينبغي استخدام أطر البحث العلمي المستند على البرهان في إجراء البحوث، وإنتاج التقانات، وتوطين التكنولوجيا والمعرفة.

3- العنف الطلابي في الحياة الجامعية: الظاهرة والحلول

أ.د.م.م.عصام محمد عبد الماجد[2]

1- مقدمة

أدت ثورة التعليم العالي والبحث العلمي بالسودان إلى الزيادة المطردة في أعداد مؤسسات التعليم العالي والبحث العلمي في كافة ربوع البلاد بطفرة غير مسبوقة في أعداد الجامعات الحكومية (من قلة لا تتجاوز أصابع اليد الواحدة إلى ما يربو على ثلاثين مؤسسة)، والجامعات الخاصة والكليات الأهلية (من قلة لا تذكر إلى ما يتجاوز العشرين مؤسسة)، والمراكز والمعاهد المتخصصة في عدة أفرع من معينات المعرفة والعلوم الإنسانية. ثم أتت ثورة المعلوماتية العالمية بفتح آفاق جديدة للعلوم والتقانة والخدمات التعليمية، مما ضاعف كثيراً من أعداد المؤسسات التعليمية عالية التخصص. ومن المتوقع بإهلال السلام ومحاربة الإرهاب، والتجارة الدولية، والعولمة، وانفتاح الأسواق، وانتشار الشركات متعددة الجنسية ومتعديتها إلى بروز معاهد ومؤسسات معرفية ذات نمط جديد، وطابع مغاير للمألوف والمتعارف عليه عبر شبكة من الربط الإلكتروني والإدارة الافتراضية مما يؤثر على النسيج الاجتماعي والهوية والموروثات والتقاليد والقيم ومستجدات التقلنة وامتهان مهن ذات طابع مغاير للتقليدي والمعروف. أضف لهذا انفتاح الفرد الخبير في تخصصه ومهنته للهجرة المحلية والإقليمية والدولية، والتأثر بالمحيط العالمي بعلومه ومعارفه وقيمه وموروثاته وتقاليده ومعتقداته وأنماط حكمه والقوانين السائدة به، فأدت هذه العوامل مجتمعة إلى: (أنظر شكل 1)

1) إدخال التعليم في قطاع الخدمات المفتوح للتجارة العالمية.
2) التحاق الطلاب بتخصصات واعدة عبر شبكة جديدة من المؤسسات التعليمية الجديدة والمبتكرة.

---

[2] مدير أكاديمية السودان للعلوم

3) امتهان الطلاب لمهن مختلفة لتغطية نفقات المعيشة، ومتطلبات الدرس والتحصيل، والاحتياجات المادية الفردية.

4) التحاق بعض الطلاب بمهن للتجارة الالكترونية والعمل عبر شبكة المعارف الدولية فيما قد يطلق عليه هجرة الأدمغة (أي اغتراب الفرد وهو متواجد جسدياً) داخل وطنه.

5) التأثر بقيم المجتمعات الخارجية الغربية منها والشرقية، المتمدنة منها والريفية، ذات القيم الروحية السامية ونقيضاتها، المتدينة والأصولية واللاهوتية واللادينية والأثنية.

6) ولوج الطلاب الجامعة في سن مبكرة من السابق نسبة لدخولهم التعليم قبل الجامعي في سن صغيرة.

7) التفكر في الدخول في مشاريع رائدة كبرى مثل أروقة المعرفة ومنتزهات التكنولوجيا والمدن الإلكترونية.

8) أدى هذا الكم المعرفي وإتاحة المعلومات العلمية والمعرفة التقنية والمهنية عبر شبكة المعارف الدولية إلى غربة بعض الطلاب وعدم قناعتهم بما يتاح لهم من علوم في مؤسساتهم الوطنية، وأدى جانب آخر من الانفتاح الثقافي وثقافة الأفلام والرسوم المتحركة (الكرتون) والإبداعات الفنية والفلكلور الموجود على الانترنت إلى تمرد من نوع جديد على المحيط المحلي والوطن الصغير من قبل فئة أخرى من الطلاب. فظهرت فجوات علمية وفجوات ثقافية وفجوات تربوية وسط جماهير الطلاب المختلفة مما يثير أسباب عدم الاستقرار والتمرد والشعور بالدونية ومركب النقص والغيظ والانتهازية من بعضهم... الشيء الذي يؤدي في منتهاه إلى عنف مدمر وشغب عنيف ومؤذي وقد يكون قاتلاً.

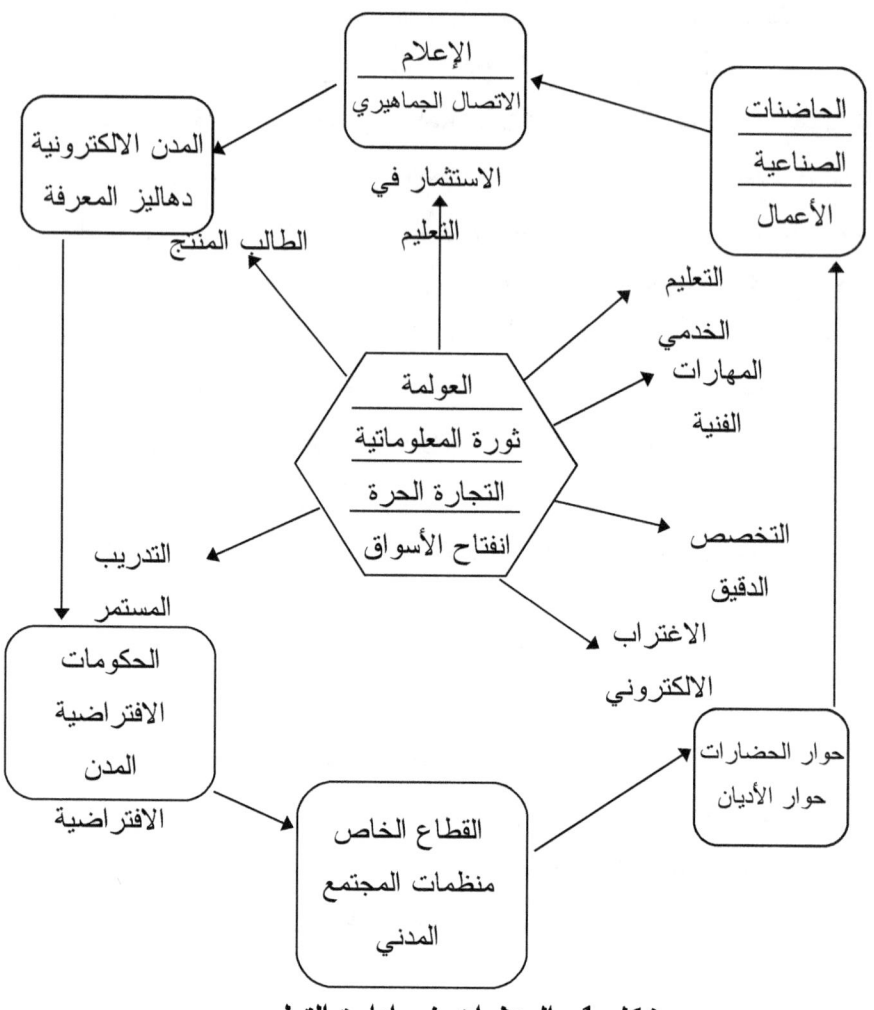

شكل 1: المؤثرات في إدارة التعليم

2- أسباب العنف الطلابي

هذا الانفتاح العلمي والتقني والتربوي زاد كثيراً من أعداد المدارس والمؤسسات التعليمية المؤهلة لدرجات علمية مختلفة من دبلوم وسيط وبكالريوس وليسانس ودراسات عليا (دبلوم عالي وماجستير ودكتوراه) للجنسين في مختلف المواقع الجغرافية بالبلاد، غير أن نصيب قصبة البلاد عادة يكون هو الأكبر، بحكم إيوائها لمؤسسات تعليمية متعددة وبسبب التمايز الثقافي والعرقي والأثني بين المواطنين ولوجود أنواع مختلفة من الثقافات التربوية والاجتماعية بين الطلاب ومن ثم انتشرت الفصول الدراسية وحلقات الدرس والتحصيـــل

30

في كل المحافظات دون استثناء، ولغياب التخطيط التشريعي والمواصفات المهنية والهندسية الملزمة استخدمت (في الخرطوم مثلاً) المنازل والمباني العالية ودور السكن المتاحة للاستئجار كمؤسسات تعليمية بمواصفات لا تمت بصلة إلى مواصفات المدارس ومقاييسها ولا لمؤسسات التعليم العالي والبحث العلمي المعروفة محلياً والمقبولة عالمياً، الشيء الذي يؤدي إلى الاكتظاظ والاحتكاك وسوء علاقة الجماعة داخل محيطها، إذ من المعلوم أنه كلما قلت المساحة والمسافة بين الأشخاص كلما زاد الشجار والتناطح واختلاف الرأي غير المنطقي وغير العقلاني. ومن ثم قد تبدأ ظاهرة العنف وتستشري وسط المجموعة. ومن النظرة التحليلية لمثل هذه الظاهرة الغريبة على مجتمع متماسك مثل المجتمع العربي والإسلامي الذي تجلت فيه سلطة الفرد وسط المجموعة وأدب المجموعة في كيانها المستقبل القبلي يمكن أن تعزى لعدة أسباب متفردة خاصتها أو مجتمعة أو متداخلة فيما بينها بناءً على شخصية الطالب وتربيته وسلوكه الاجتماعي تجمل في للتالي وذلك حسب استطلاع الرأي لمجموعات مختلفة من الطلاب القدامى والجدد والخريجين وبعض الأساتذة والمديرين من صناع القرار: (أنظر شكل 2)

<u>أ) بيئة العمل</u>

1. ضيق المساحات المتاحة للحركة والعمل والنشاط داخل حرم المؤسسة التعليمية.
2. ضيق صدر بعض الأساتذة والمدرسين والتربويين عند ملاحقة الطلاب بالأسئلة العلمية والمهنية والأكاديمية والإدارية والإشرافية المتعلقة بهم أو بتحصيلهم الدراسي.
3. عدم وجود أواصر تعاون وثيقة بين الطالب وأستاذ المادة فيما يتعلق بزيادة الحصيلة التعليمية أو نقل المعرفة والعلم للطالب بصورة تساعده للزيادة والريادة والابتكار.
4. عدم وجود جهاز تنسيقي مفيد بين مؤسسات الإبداع العلمي، ومؤسسات الجوائز العلمية، والجمعيات العلمية لما فيه منفعة الطالب ومصلحته وزيادة علومه.
5. عدم وجود الشفافية الأكاديمية لنتائج الامتحانات والاختبارات وتصليح كراسات الإجابة لطالب تعلم أن يراجع كراسته ويجادل أستاذه في المراحل الأساسية والأولية منذ التعليم قبل المدرسي والتعليم الأساسي والثانوي فيما يفسره الطالببالظلم الأكاديمي والغطرسة العلمية.
6. سهولة الحصول على عناصر التدمير البدائية بالمنطقة المحيطة بالمؤسسة التعليمية من بقايا مواد بناء وحجارة وحصى ونفايات ومعدات القتل البدائي من السلاح الأبيض (كالسكاكين والسواطير والحفارات اليدوية (الطواري وغيرها) والسيخ ....الخ).

7. تردي العلاقة الطيبة بين الأستاذ والطالب لعدم توفر عنصر الثقة بينهما ولسوء معاملة بعض الأساتذة للطلاب.

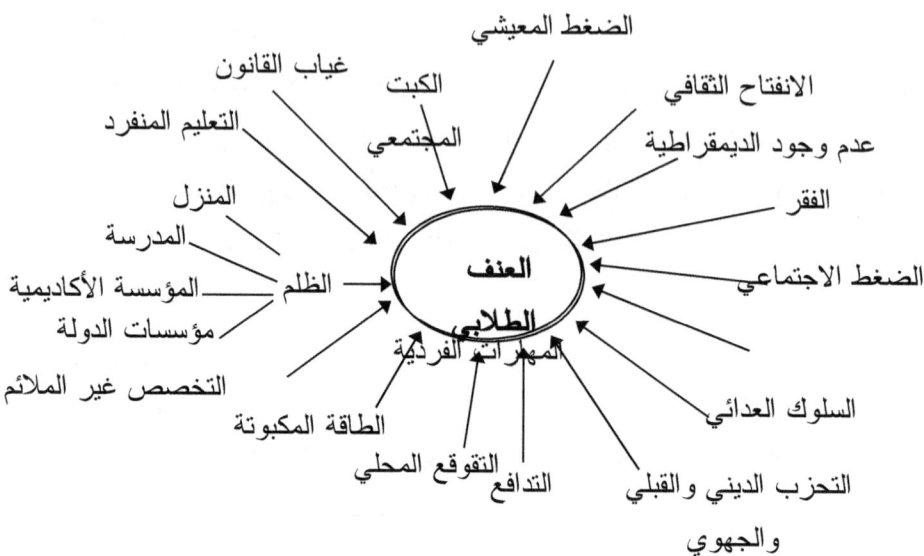

شكل 2: أسباب العنف الطلابي

<u>ب) النشاط الثقافي والرياضي والسياسي</u>

1. عدم وجود صالة ألعاب رياضية ومسرح للنشاط المسرحي والإذاعـي والأدبـي والإعلامي والتصويري وغيره من المناشط الثقافية والاجتماعية بالدور التعليمية.

2. عدم وجود ملاعب وصالات ألعاب رياضية متعددة المناشط للـدورات الرياضـية والأولمبياد المحلي بالمؤسسات التعليمية.

3. عدم وجود دهاليز وصالات عرض للفنون الجميلة والمهارات الفنية والهيلوجرافية.

4. عدم رعاية المؤسسة التعليمية للجمعيات العلمية والمهنية والأدبية والخيرية والبحثية للطلاب ذات الأهداف المفيدة خاصة في المناحي الإدارية والمالية والتنظيمية عـبر تعيين مشرف جمعيات أو تطوير التحاق (انتساب) الجمعيات الطلابيـة بالجمعيـات المهنية والعلمية المحلية والإقليمية والدولية أو منظمات المجتمع المدني أو الجمعيات الطوعية والجمعيات غير الحكومية.

5. التعصب الحزبي والجهوي والعقائدي ربما كان مستمداً من روح الحزب أو بحشـد لحظي أو مبتدع من قبل الطالب وفق خيالـه ورؤاه وأحلام اليقظـة وأحلام التطلـع

والآمال تردي العلاقة الطيبة بين الأستاذ والطالب لعدم توفر عنصر الثقة بينهما ولسوء معاملة بعض الأساتذة.

6. غياب الوعي بأدب الخلاف السياسي وغياب أرضية الحوار المشترك لإيجاد الحلول للقضايا والخلافات.
7. غياب المنتديات الفكرية والندوات العلمية والثقافية والفلسفية الهادفة لتبادل الأفكار والثقافات وإيجاد إطار من التواصل رفيع المستوى بين الطلاب أنفسهم وقياداتهم الفكرية والعلمية ورموزهم الثقافية مما يوجد لدى الطالب القدرة على التفكير البناء والحوار الهادف والرؤية البعيدة وتأهيل طالب اليوم باعتباره قائد المستقبل وحادي ركب التطور.

ج) المؤثرات الفردية

1. عدم وجود الأعداد الكافية من الموجهين للتربويين والأخصائيين الاجتماعيين والنفسيين بعمادة الطلاب لخدمة الطلاب ومراعاة احتياجاتهم وتذليل المصاعب للتي يواجهونها وإيجاد الحلول المناسبة والملائمة لمشاكلهم الصغيرة والمتعددة والمؤرقة لمضجعهم.
2. عدم وجود المشرف الاجتماعي والمشرف الأكاديمي والمشرف الطلابي لكل طالب على حدة للوقوف على المشاكل والهواجس والتفكر مع الطالب في سبل معالجتها والقضاء عليها.
3. عدم إشراك الطلاب في صنع القرار الإداري والأكاديمي عبر تمثيلهم تمثيلاً فاعلاً في مجالس المؤسسة التعليمية الإدارية والأكاديمية والتربوية وفق الضوابط القانونية المجازة (عبر مشاركتهم فيها) مما يجعلهم بعيدين كل البعد عن السياسات التربوية والأكاديمية بهذه المؤسسات الشيء الذي يفقدهم القدرة على المشاركة والتعبير ويساهم في بناء سور منيع من عدم الثقة وهدم جسور التواصل والتفاهم بين الطالب ومؤسسته التعليمية.
4. عدم وجود إطار قانوني وإداري فاعل وواضح داخل المؤسسة التعليمية لرعاية الطلاب المبتكرين والموهوبين والمبدعين علمياً وأدبياً وثقافياً واجتماعياً ودينياً.
5. عدم وجود مشرف اجتماعي في إطار عمل تنسيقي مع المدرب العسكري (التعلمجي) عند انفراده بطلاب الخدمة الوطنية في التدريب العسكري لمراعاة السلوك اللفظي ونوع الجزاء المبتدع لطالب في مرحلة المراهقة.

6. أثر البيئة التي نشأ فيها الطالب وتربى أو تلقى فيها التعليم بمدخلاتها المختلفة من تربوية وثقافية واجتماعية وعقائدية.
7. الضغوط المعيشية والسكنية للطلاب وعدم متابعة إدارة المؤسسة التعليمية وسعيها لإيجاد حلول جذرية لهذه المعضلة مع صندوق دعم الطلاب أو مع جهات الاختصاص الحكومية والأهلية والخيرية.

3- التوصيات والحلول المقترحة

مما يوصى به في هذا الإطار للتخلص من ظاهرة العنف الطلابي والحيلولة دون وقوعها، ومنع الطالب من إيذاء نفسه أو غيره أو التحول إلى النمط الإجرامي ينبغي التفكر في تحقيق التالي على المستويات المبينة في هذه الدراسة: (أنظر الشكل 3)

أ) *مرحلة ما قبل المدرسة:*

- ينبغي أن تفطن الدولة والقطاع الخاص إلى أهمية إتاحة اللعب التعليمية المفيدة والموحية بمكارم الأخلاق بأسعار مناسبة لكافة الجمهور والمواطنين.
- لا بد من إيجاد المعايير والمواصفات والمقاييس الضابطة للعمل والأداء وإتباعها في دور الحضانة ورياض الأطفال وغيرها من مؤسسات رعاية الأمومة والطفولة، ولا بد من توفير الأعداد الكافية من هذه الدور لكافة الأطفال، والعمل على تسجيل كل طفل بها فور ولادته من قبل جهات الاختصاص بالتعاون مع المشافي والمستوصفات وغيرها من دور التوليد.
- لا بد من توفير البرامج المرئية والمسموعة والمقروءة المشوقة والممتعة والهادفة للطفل مما يعمل على تنمية الثقافة وتطوير المهارات والتحلي بالخلق الكريم.

ب) *مرحلة الدراسة قبل الجامعية:*

- أهمية توفير البرامج الإذاعية والتلفزيونية والحاسوبية والصحافية وشبكة المعلوماتية لشحن الذهن والتمتين العلمي والابتكار المهني والاختراع التقني والتعايش السلمي والعمل الجماعي وتنمية روح بحث الفريق للطالب.
- أهمية توفير الدور والأندية الثقافية والاجتماعية ومتابعة أدائها نحو توظيف الأهداف التي صدقت لها من قبل جهات الاختصاص وتحقيقها.

- مراجعة المناهج التربوية والتعليمية لمواكبة العولمة وثورة المعلوماتية لما فيه تهذيب الفرد وتأديبه في إطار التعايش الحضري الحضاري المتمدن.

- الإشراف الجاد على الأداء بالخدمة الوطنية في مراحلها المختلفة لتخريج نخبة من بناة المستقبل الحادبين على منفعة البلد.

- أهمية إشراك كل طالب بالجمعيات العلمية والأدبية المدرسية لصناعة الخطيب وصقله وكذلك الإداري والقيادي وعضو المجتمع الفاعل لمواصلة عمله المهني والحقلي لاحقاً سواءً في داخل الجامعة أو عند ولوج مجال العمل في أي مكان.

- تفعيل دور ملف الطالب وسجله الأكاديمي العملي في كافة المراحل لرفعه لجهات الاختصاص عند ولوجه سلك الخدمة أو التعليم الجامعي وما يليه.

- أهمية الاستفادة من طاقة الشباب ومهاراتهم المهنية واللوجستية لبناء المجتمع عبر منظمات المجتمع المدني أو كليات المجتمع أو النقاط التجارية أو مدارس الحرفيين والمزارعين والصيادين والرعاة وحاضنات الأعمال والحاضنات الصناعية ومشروع الطالب المنتج وغيرها، وتعليمهم مهن أخرى أو تطوير مهاراتهم وقدراتهم عبرها.

ج) المرحلة الجامعية

- تفعيل عمادة الطلاب ومدها بالكفاءات المتخصصة لخدمة الطالب والوقوف على مشاكله ومعالجتها وإيجاد الحلول لها بما فيه سعادته واستقراره الذهني والعقلاني والجسماني والنفسي والاجتماعي والثقافي مما ينعكس إيجابياً علي تحصيله العلمي وإبراز مواهبه وإبداعاته وابتكاراته.

- رعاية المؤسسة التعليمية للطلاب النابغين وللنابهين والمبتكرين والمبدعين والمخترعين والأدباء والصناع وذوي المهارات والكفاءات غير التقليدية.

- رعاية المؤسسة التعليمية لذوي الحاجات الخاصة وتوفير سبل مساعدتهم للتحصيل وتشجيع النابغين منهم والمبدعين.

- تحسين العلاقة بين الطالب والأستاذ وتنمية الثقة بينهما لانسياب نقل كافة المعرفة والمعلومات التي يحملها الأستاذ في صدره وذهنه وعقله وخبراته. وكذلك حل مشكلات الأستاذ التي تشغله ليصفو ذهنه ويركز على مهمته في صنع أجيال المستقبل.

- توفير الملاعب والدور الرياضية وصالة الألعاب الرياضية والمسارح والمناشط الثقافية وخدمات الإنترنت والمقاهي الخاصة بشبكة المعلومات والمعرف الدولية بالمؤسسة التعليمية، وتشجيع الأساتذة لمشاركة الطلاب في مختلف نشاطاتهم لكسر حاجز الخوف والتردد بينهما ولبناء جسر من الثقة والمودة والتآلف. ويـــا حبذا لو أقيمت منافسات مختلفة بين الطلاب وأساتذتهم.

- العمل على إنشاء المدن والأروقة والدور والإلكترونية والتكنولوجيـــة وتفعيـــل صلاتها مع المدارس ومؤسسات التعليم العالي والبحث العلمي.

- رعاية البحث العلمي للاستفادة من طاقات الطلاب وكفاءاتهم المهنية ومهـــاراتهم التقنية بغية التطوير والريادة وحل المشاكل المتعلقة بالإدارة الطلابية أو القضايا الأكاديمية.

- إشراك الطلاب في صنع القرار الجامعي للإدارة والأكاديميات والمناشط الثقافية والاجتماعية والتربوية.

- رعاية المؤسسة التعليمية للجمعيات الطلابية المهنية والتقنية والبحثية والثقافيـــة والاجتماعية والدينية والعقائدية والحزبية.

- إشراك الطلاب في المناشط العالمية لأولمبياد العلـــوم وللـــدورات الحاســـوبية المتقدمة والتدريب المهني الرفيع والتأصيل وغيرها مـــن المناشـــط التربويـــة والثقافية والمهنية خارج الحدود.

- التعامل الحسن والتحلي بمكارم الأخلاق بيـــن الطـــالب والمـــدرس والمجتمـــع التربوي الجامعي.

- إقامة المنتديات الفكرية والمؤتمرات الأكاديمية والأسابيع الثقافيـــة والمهنيـــة وندوات حوار الأديان تحت دعم المؤسسة الأكاديمية والتربوية ورعايتها.

- إقامة دور فكرية مخصصة للطلاب تسمح لهم بتبادل الأفكار وتواصل الثقلفـــات وكسب المهارات المختلفة في العرض ومهارات الحوار والنقاش الهادف البناء.

- إقامة زيارات متبادلة في إطار عمل الجمعيات الطلابية والبروتوكولات الموقعة بين مؤسسات التعليم المختلفة لتبادل الخبرات وعمل البحوث والتدريب وإقامـــة الندوات والمؤتمرات المشتركة.

- تفعيل مشاريع الطالب المنتج للاستفادة من طاقاته وإمكانياته في البناء للـــوطني، وتفعيل مشاريع التخريج البحثية للمتخريجين لإكسابهم المهارة وفنيـــات العمـــل والأداء والاستفادة منهم في أعمال مثمرة ومنتجة ومفيدة.

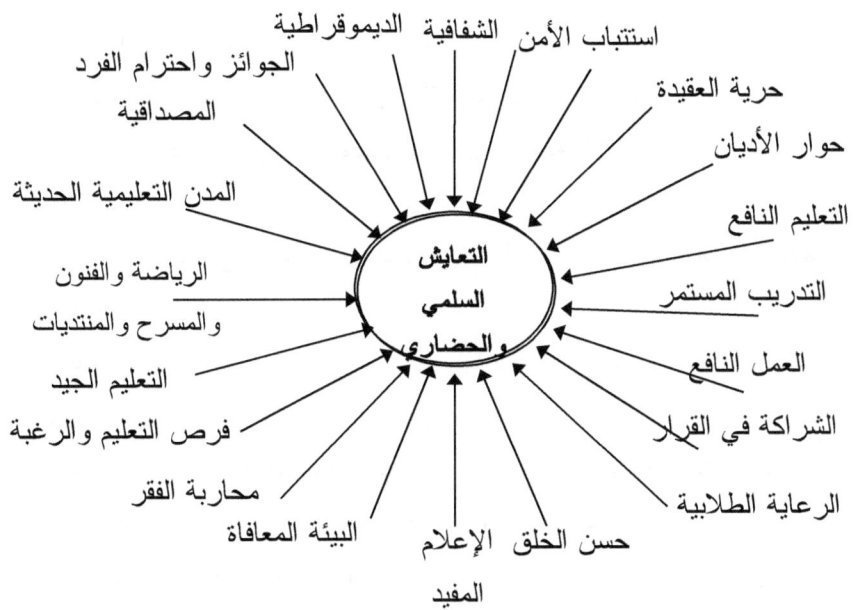

شكل 3: التعايش السلمي والحضري للطلاب

4- أكاديمية الثقافة والتنمية
Academy for culture & development

أ.د.م.م. عصام محمد عبد الماجد[3]

قدم المقترح لوزارة الثقافة والإعلام، 1999

أ) الهوية

اسم المشروع: أكاديمية الثقافة والتنمية

مقدم المشروع: المجلس القومي لرعاية الثقافة والفنون

العنوان: وزارة الثقافة والإعلام، ص . ب 347-105 الخرطوم، السودان

الجهة الممولة: منظمة الأمم المتحدة للتربية والعلم والثقافة (اليونسكو) وحكومة السودان ممثلة في وزارة الثقافة والإعلام.

المجموعة المستهدفة: شعوب وقبائل السودان والشعوب والقبائل في المنطقة الجغرافية المحيطة بالقرن الأفريقي.

لغة التدريس بالأكاديمية: اللغتان العربية والإنكليزية

صلة المشروع بالتنمية: يخدم المشروع أهداف التنمية والخطط الإستراتيجية للرقي بالثقافة العامة وحقوق الإنسان وقضايا السلام وحوار الأديان وحوار الثقافات

المنطقة التي يخدمها المشروع: الطلاب من دول شمال أفريقيا وشرقها (السودان، ليبيا، تونس، تشاد، الكنغو، يوغندا، رواندا، زائير، إثيوبيا، إريتريا، الصومال)

ب) الأهداف العامة للأكاديمية

- الترابط والتواصل الثقافي المحلي والعالمي مع المنظمات الدولية الحكومية وغيرها (مثل: منظمة الأمم المتحدة للتربية والعلم والثقافة {اليونسكو}، منظمة الوحدة الأفريقية، منظمة الدول الأمريكية، رابطة أمم جنوب شرق آسيا، المنظمة العربية للتربية والثقافة

---

[3] الأمين العام المكلف للمجلس القومي لرعاية الثقافة والفنون بوزارة الثقافة والإعلام بالخرطوم

والعلوم {الأليكسو} المنظمة الإسلامية للتربية والعلوم والثقافة {الآيسيسكو}، الاتحـــاد الأوربي، أمانة بلدان الكومنولث)

- دراسة التنوع الثقافي واللغوي السوداني،
- تقوية الهوية الثقافية والإبداع السوداني
- توسيع المشاركة الشعبية في التنمية الثقافية
- إيجاد مصادر جديدة للتنمية الثقافية الاقتصادية
- إيجاد وظائف جديدة للمثقفين
- ترقية وتطوير الصناعة الثقافية القومية
- المساعدة في إقامة سياحة ثقافية أصيلة
- تقليل الاعتماد على المنتجات الثقافية الخارجية
- فتح أسواق ثقافية في العالم الأقرب للثقافة السودانية
- التواصل والتعاون والتنسيق المحلي والإقليمي وتبادل الخبرة الثقافية
- الخصخصة في المشاريع الثقافية
- زيادة الجرعة الثقافية للساسة وصناع القرار
- ترقية أداء الإدارات الثقافية
- التأهيل والتدريب الثقافي
- تقديم الخدمات الاستشارية الثقافية
- صون التراث الثقافي (المادي وغيره) وتطويره وتحسين إدارة شئونه،
- إيجاد قاعدة ثقافية عامة وتوسعة الفكر والتأهيل الثقافي،
- رفع الوعي الثقافي وأهميته للتنمية والقيم والأخلاق والسلام وتفعيل المشاركة الشعبية
- تدريس التدريسيين وتدريب المدربين في كافة المجالات الثقافية
- دراسة الاتفاقيات والبروتوكولات الثقافية العالمية والإقليمية الموقع عليها الســـودان وتفعيلها
- استخدام الفن الاستعراضي لخدمة قضايا التعليم والبحث العلمي وترقية القيم والثقافـــة العامة
- تعزيز البحوث ونشر المعلومات الثقافية والتنموية،
- تحسين التشريعات الوطنية لحماية التراث الثقافي
- تعزيز القدرات المحلية في صون التقنيات والمواد الثقافية

ج) وحدات الأكاديمية

1) مدرسة الطباعة والتغليف: ومن أهم أهدافها

1. تأهيل فنيي الطباعة وتدريبهم
2. إعداد الكادر المؤهل في الطباعة والتغليف
3. فتح قنوات مع بيوت الخبرة العالمية
4. استجلاب خبراء عالميين في ورش التدريب
5. عقد الدورات التدريبية قصيرة الأجل وطويلته
6. ملاحقة التطور التقني العالمي
7. البحث العلمي في فن الطباعة
8. تشجيع إنتاج الكتب العامة والكتب التعليمية وغيرها من مواد القراءة بتكلفة قليلة
9. تحقيق مبدأ القراءة للجميع بالإنتاج والتوزيع لمواد القراءة والمعينات المدرسية قليلة التكلفة
10. تعزيز حرية تداول الكتب
11. إنشاء آلية لمنح ورق الطباعة بالتعاون مع هيئات إنمائية وجهات مانحة ثنائية
12. حث الكتاب والمؤلفين لصناعة الكتاب الذي يعجب الجمهور بالتركيز على الأعمال التي تؤثر على الوجدان الإنساني، وتطلع الشعب، ومصادر الضعف والقوة، وسبل النجاح والرسوب وغيرها من المؤثرات التي تجذب القارئ
13. تدريب الكتاب والمعدين والفنيين ومسوقي الكتاب على أحـدث تقلنـات صنـاعة طباعة الكتاب
14. التدريب على فن صناعة الكتاب
15. الإطلاع على قوانين حقوق المؤلف والحقوق المجاورة المحلية والإقليمية والعالمية والتدريب عليها
16. الإطلاع على قوانين النشر والتوزيع
17. صناعة المواد والوسائل التعليمية
18. تطوير أساليب التوزيع والتداول في جميع الأمصار
19. التدريب في فنون النشر

20.التنسيق والتعاون المحلي والإقليمي والعالمي ومع المنظمات ذات الصـــلة مثـــل WIPO, UNESCO, OAU واتحاد الناشرين العرب، واتحاد المطـــابع السوداني، واتحاد الكتاب ..الخ

2) مدرسة الألسن: ومن أهم أهدافها

1. النهوض بالثقافات الحية
2. تنظيم ورش عمل وحملات لتشجيع القراءة والمطالعة
3. التدريب على النطق الصحيح للمذيعين والمتكلمين والمتحدثين والخطباء وغيرهم
4. التصحيح اللغوي للأخطاء الشائعة
5. البحث العلمي لأسهل السبل للتدريب الجيد على الاستخدام الأمثل للغة
6. تدريب المصحح اللغوي للصحف والكتب والمنشـــورات وغيرهـــا مـــن المصـــنفات والمنتجات الثقافية
7. التدريب على فنون التعريب والترجمة
8. دراسة التنوع اللغوي السوداني

3) مدرسة الثقافة: ومن أهم أهدافها

1.التخطيط الإستراتيجي
2.المتابعة والتقويم للتنمية الإستراتيجية
3.مشاريع الثقافة وبرامجها
4.تفعيل التراث الثقافي للتنمية المستديمة
5.استهلال مشروعات لترميم المواقع التراثية المتضررة من جراء النزاعات والكوارث
6.التداخل بين الثقافة والتنمية
7.تعزيز التعاون بين منظمات الشباب الحكومية والأهلية
8.الثقافة والصحة العامة
9.ضمان حرية التعبير وحقوق التأليف للإبداع والاستعراض الفني
10. الثقافة المحلية والعولمة
11. التداخل الثقافي وحوار الثقافات
12. التنسيق والتعاون الثقافي
13. البحث العلمي الثقافي
14. تنظيم ورش العمل والمؤتمرات الثقافية الدولية

15. التدريب ونشر المعلومة الثقافية للتنمية

16. تدريب الفن الاستعراضي

17. التدريب على الحاسوب والإنترنت وشبكة المعلومات

18. التخطيط الإستراتيجي العالمي (اليونسكو، الألكسو، الآيسسكو ...)

19. وضع أسس مصرف المعلومات الثقافية

20. استخدام المنتجات الثقافية لمعالجة الفقر

21. بناء ثقافة السلام والديمقراطية والتلاحم الاجتماعي

4) كرسي اليونسكو للثقافة: ومن أهم أهدافه:

1. ترقية البحث العلمي والتدريب في مجال الثقافة وتسهيل التنسيق والتعاون والصـــلات بين الجهات ذات الصلة بالثقافة محلياً وإقليمياً وعالمياً

2. مضاعفة إشعاع اليونسكو على المستوى المحلي والإقليمي في إطار شبكة اليونســـكو المواكبة للعولمة

3. خدمة الإقليم الإفريقي

4. وضع إستراتيجية مكافحة الفقر

5. العناية بحقوق الإنسان والتسامح واللاعنف

6. البحث العلمي الثقافي

7. تبادل المعلومات والبيانات الثقافية

8. عقد الاجتماعات والندوات والمحاضرات والمؤتمرات الثقافية المشتركة

9. تدريب الكفاءات والكوادر الثقافية وتبادلها

10. خلق الصلات الثقافية بين المجتمـع الإقليمـي والعـالمي والمنظمـــات الطوعيـــة والمؤسسات ذات الصلة بقضايا الثقافة

11. ترويج السياحة الثقافية بين دول الكرسي

12. تفعيل الأساليب التقليدية لحل النزاعات

13. تشجيع التصنيع الثقافي

14. نشر الوعي الثقافي للبيئة المحيطة والرأي العام والحكومات

15. دراسات سياسات التنمية الوطنية في ظلال العولمة

16. عقد ورش العمل والندوات الثقافية

17. التداخل بين الخرافة والتراث والدين

18. حوار الأديان
19. حوار الحضارات

5) مدرسة التصنيع الثقافي: ومن أهم أهدافها

1. الاهتمام بالمنتجات الثقافية فيما يتعلق بالموسيقى والعرض المرئي، والفن الاستعراضي، والفلم، والتلفزيون والفيديو، والراديو، والعروض
2. الاهتمام بصناعة الطباعة والتأليف والنشر والتوزيع والمكتبات
3. مشاركة الشباب في صون التراث الثقافي
4. التركيز على صناعة السينما
5. إحياء الأساليب التقليدية للترميم وصون التراث الثقافي
6. رعاية الفنون التشكيلية والفلكلورية والصناعة الحرفية
7. الاهتمام بالسياحة، والآثار، والأزياء، وتجميل الشعر وتصفيفه، وفن حسن الأكل، والطب الشعبي، والثقافة المحلية، وفن المطارات، والصناعة والحرف اليدوية، وصناعة التذكارات
8. الصناعات التقليدية وتطوير صناعة الملابس والنمط الراقي
9. إنشاء مصرف معلومات الصناعات الثقافية وترقيته على المستوى المحلي والإقليمي والعالمي وربطه بشبكة مصرف المعلومات وتبادل البيانات الحكومية والأهلية والطوعية
10. إنشاء شبكة متخصصة في تصنيع المنتجات الثقافية وتسويقها وطرحها والبحث العلمي حولها، وإيجاد سبل التنسيق والتعاون مع مثيلاتهافي المنطقة المحلية والإقليمية والعالمية، وتسويق نتاج البحث العلمي
11. البحث العلمي الموجه حول تذليل المصاعب الاقتصادية والسياسية والقانونية والمالية والثقافية لترقية الصناعات الثقافية وتطويرها
12. الاتصال والتواصل ووضع الاتفاقيات والبروتوكولات الثقافية مع الدول العربية والإفريقية ذات الصبغة الثقافية المماثلة
13. وضع أسس التثقيف الثقافي والمشاركة الشعبية (العون للذاتي) الثقافية على المحاور الاجتماعية والاقتصادية والقانونية والسياسية للريف والحضر بغرض

توسيع دائرة المشاركة والانفتاح على المناشط الثقافية واستهلاك المنتجات الثقافية ذات الجودة لتحسين الذوق

14. تسهيل التدريب وتطويره للتأهيل وزيادة كفاءة النشاط الإنتاجي والإبداع والاستعراض والتصميم والإدارة الجيدة للمشاريع الثقافية والإنتاج الثقافي وتوسيعه وصيانة الأجهزة والخدمات الثقافية
15. تحسين نوعية المنتجات الثقافية المحلية للمنافسة العالمية وزيادة الإنتاج
16. تبادل البحوث والاختراعات والتصميم واستخدام النظم الجديدة للتعبير وإنتاج الأجهزة الحديثة ذات الجذور السودانية للتسويق
17. تشجيع الجماعات الثقافية من الكتاب والفنانين والمتخصصين في الصناعات الثقافية للإنتاج الجماعي والإبداع الفني المشترك من أجل التنافس ومجاراة العولمة
18. استخدام الصناعات الثقافية لتفريخ مبادئ نبذ العنف والاضطهاد وسط الجمهور ونشر المفاهيم الثقافية والقيم التي تؤطر أسس السلام والوئام والتعاون
19. تشجيع المبدعين في الصناعات الثقافية بخلع الجوائز التشجيعية عليهم والأنواط والأوسمة المناسبة.

6) مدرسة تدريب الفن الاستعراضي: ومن أهم أهدافها

1. الدعم المالي والعيني للموسيقى والمسرح والفن الاستعراضي
2. تسهيل إنشاء وحدات وسائل الإيضاح السمعية والبصرية والمنتجات
3. تطوير صناعات التسجيل والأشرطة والأفلام والفيديو والعرض الفني وصناعات الغناء والموسيقى الشعبية والفلكلور القومي
4. التعاون والتنسيق المحلي والإقليمي والعالمي
5. البحث العلمي لتطوير الفن الاستعراضي
6. الارتباط مع شبكة مصرف معلومات الفن الاستعراضي الأفريقية والعربية والعالمية
7. وضع استراتيجية التأهيل والتدريب
8. تبادل المعلومات والمنتجات الثقافية مع المنظمات المحلية والعالمية الحكومية والطوعية والأهلية
9. التدريب في الفن الاستعراضي والسينمائي والمسرحي
10. تطوير البنى التحتية لصناعة السينما والمسرح

11. إنشاء المعامل الثقافية (المسموعة والمرئية والمحسوسة)

12. تدريب الصناع المهرة craftsmen في أهم تقانات الإدارة

د) النتائج المتوقع الحصول عليها من المشروع:

- إعلان مبادئ التسامح
- ترسيخ ثقافة السلام وتغيير السلوكيات وترسيخ القيم
- نشر الثقافة والتوعية لخدمة أغراض التنمية والحداثة
- تشجيع تنظيم حلقات تدارس سودانية
- تعزيز شبكات الاتصال الإلكتروني
- تقديم الخدمات الاستشارية الثقافية
- تفعيل محو الأمية بأسلوب علمي جديد
- اجتثاث جذور الفرقة والعنف والاستعباد والنزاع والنبذ
- تعزيز النهج المشترك بين التخصصات لمعالجة القضايا الملحة والمزمنة وغيرها
- تنمية قدرات الفتيات والنساء وتأهيلهن للقيادة والإدارة
- رعاية ملكات الشباب الإبداعية
- إعداد دلائل محددة مثل دليل أبرز السبل وأفضل الممارسات (التقليدية والحديثة) لدرء العنف والنزاعات
- تأهيل المدن التاريخية والمراكز الحضرية
- تنمية المتاحف
- الانضمام إلى الاتفاقيات الثقافية الدولية

هـ) متطلبات المشروع:

- أخصائيون ومستشارون من اليونسكو لإجازة الاستراتيجية والخطط العامة للأكاديمية
- استقطاب المِنَح للتدريب والتأهيل
- مطبوعات اليونسكو في كافة المجالات الثقافية باللغتين العربية والإنجليزية
- المشاركة في تفعيل وعقد الندوات الثقافية

و) خطة جدول الأعمال:

الفترة	وحدة النشاط
	إنشاء المدارس بالأكاديمية
	قيام الندوات والمؤتمرات الثقافية
	قيام الصناعات الثقافية

ز) التكلفة التفصيلية للمشروع

التكلفة التقديرية بالدولار	وحدة النشاط
$6 × 50000 = 300.000$	إنشاء المدارس بالأكاديمية
20.000	مؤتمر الثقافة والتنمية
$4 × 10.000 = 40.000$	قيام الندوات
200.000	تفعيل قيام الصناعات الثقافية
560.000	الجملة

مساهمة الدولة في المشروع:

1. المساهمة المالية (بالدينار السوداني: 1 دولار أمريكي يساوي 260 دينار)
2. العمالة: الأجور والصحة والسكن والترحيل 100.000.00
3. المواد 100.000.000
4. الأرض 800.000.00

المبلغ المطلوب من اليونسكو 560.000 دولار

ح) أهم بنود الصرف:

1. التأهيل والتدريب
2. شراء المعدات المرتبطة بأنشطة البرامج
3. إدارة المعدات وصيانتها
4. الخدمات التقنية والاستشارية في مجالات تنفيذ الأنشطة
5. إصدار الدوريات والدلائل والنشرات والمطبوعات المرتبطة بالبرامج الثقافية
6. تحضير الكتب الدراسية الهامة باللغة الوطنية
7. إقامة الندوات والمحاضرات العامة

8.اللوازم والمواد

9.تكاليف برامج الحاسوب التعليمية

10.الدراسات والبحوث حسب البرامج المجازة

11.الإعلان والنشر

ط) متابعة المشروع بعد تنفيذه

1. يتكون مجلس إدارة للأكاديمية لمتابعة المشروع وتنفيذ الأهداف وتطوير الأداء وتجويده ويضم المجلس الأعضاء المميزين من الأكاديمية ونخبة من رجالات الثقافة السودانية والمبدعين
2. يتكون مجلس أكاديمي للأكاديمية لمتابعة الأمور الأكاديمية بها ومناشط للتدريب واعتماد الشهادات وما ماثلها
3. يرفع مجلس الإدارة تقرير دوري للمجلس القومي لرعاية الثقافة والفنون عن أداء الأكاديمية والحصول على الميزانية المطلوبة حسب بنود الصرف المجازة منها

5- ثقافة الطفل

أ.د.م.م. عصام محمد عبد الماجد[4]

قدم للمجلس القومي لرعاية الثقافة والعلوم، 1999

أولاً: الاختصاصات

1- تأصيل الهوية الثقافية للطفل والتحامه بقضايا الأمة والتحديث والعولمة
2- إعداد المنهج العلمي لثقافة الطفل حسب توجهات الأمة والاحتياجات والإمكلنات المتاحة
3- الاهتمام بمناهج الدراسة وفنونها والبرامج التثقيفية والإعلامية في جميع مراحل التعليم،
4- رصد تطور الثقافة العالمية للطفل ،
5- تنمية روح العمل كفريق،
6- تنمية القدرة على الإنتاج عند الطفل،
7- تنمية قدرة الطفل على التعلم الذاتي والمستمر لتتمكن من ملاحقة التطور التقني وثورة المعلوماتية والعولمة،
8- تيسير الحصول على المنتجات الثقافية،
9- الاهتمام بالبحوث المساعدة لترفيع المنتجات الثقافية للطفل،
10- وضع استراتيجية قومية لثقافة الطفل،
11- إعطاء عناية خاصة للصناعات المرتبطة بإنتاج منتجات ثقافة الطفل ذات الشأن، والمجلات العلمية التخصصية المهتمة بنشر المواضيع العلمية والأوراق البحثية والثقافية والإعلامية.
12- الاهتمام بترجمة المنتجات الثقافية الجيدة ذات الصلة بالطفولة،
13- تفعيل الإعلام للتثقيف ورفع الوعي للطفل،
14- تعريف الطفل بالثقافات العالمية والمدنية المعاصرة،

---

[4] الأمين العام المكلف للمجلس القومي لرعاية الثقافة والفنون بوزارة الثقافة والإعلام بالخرطوم

15- زيادة معرفة الطفل بالتراث والفكر الوطني والثقافة المحلية،

16- دعم المكتبات المدرسية والعامة بالوسائل التعليمية التقليدية والحديثة،

17- الاهتمام بتدريب الكوادر المناط بها ترفيع ثقافة الطفل (معلـم، مشـرف نفسـي واجتماعي، عامل بمركز الطفل، أمين مكتبة، معد برامج)،

18- التنسيق الجيد بين المؤسسات الثقافية والجماعات المهتمة بقضايا ثقافة الطفل،

19- الاهتمام بالأنشطة اللاصفية والمدرسية والمسابقات التنافسية بين الأطفال،

20- التركيز على المعسكرات الصيفية الثقافية للطفل،

21- دراسة جدوى لمشاريع ثقافة الطفل والعمل على إيجاد التمويـل المناسـب لإنجـاز مشاريع ثقافة الطفل وبرامجها،

22- إنشاء الكليات والمعاهد والأقسام لدراسات الطفولة والدراسات العليا في ثقافة الطفل في مجالات فنون الطفل ومكتباته وحقوقه وأدبه،

23- إنشاء مركز المعلومات والتوثيق، والدراسات والبحوث في أدب الطفل وثقافته،

24- إذكاء روح البحث العلمي للطفل وتوجيه الاهتمام بالاكتشـــافات وتنميــة للقـدرات والمواهب،

25- إنشاء متاحف العلوم وحدائقها،

26- إنشاء مشاتل ومنابت وفضاءات خضراء حديثة ومتطورة كمراكز ترفيـه للطفـل والأسرة،

27- الاهتمام بقضايا ثقافة الطفل المعوق،

28- وضع قانون لتحديد هوية مراكز ثقافة الطفل وتخصصاتها،

29- توعية الوالدين وتثقيفهم بما يساعد في التربية الجيدة للطفل (عبر مرلكــز للتـدريب والإرشاد الأسري، وبرامج التوعية، ومحو الأمية، والوحدات النسائية، والجمعيات والكيانات الثقافية)

ثانياً: الأهداف الإستراتيجية

1- رعاية الطفل وحقوقه وضمان النشأة السوية والسلوك القويم له،

2- تنمية الطفولة فكرياً في إطار التنمية الشاملة،

3- تنمية تذوق الفن العربي والإسلامي والعالمي للطفل،

4- وضع ثقافة متكاملة للطفل،

5- تأصيل الهوية الثقافية للطفل،

6- الاهتمام بأدب الخيال العلمي ومزجه بالثقافة السودانية والعربية والإسلامية،

7- عقد الندوات والمؤتمرات والمحاضرات عن ثقافة الطفل،

8- الاهتمام بقضايا السلام والتعايش،

9- ترسيخ مبادئ الحوار للطفل عبر البرامج الثقافية وغرس العادات الحميدة وتقبـــل النقد البناء،

10- تنمية القدرة على تحمل المسئولية واحترام القانون والعرف والعمل والإنجاز،

11- تركيز الانتماء القومي للطفل ورفع الإحساس بالمسئولية لديه،

12- الاستفادة من الأدوات والمنتجات الثقافية لتنمية الطفل ومهاراته،

13- القيام بالدراسات والبحوث الخاصة بثقافة الطفل وتنميته،

14- الكشف عن قدرات الطفل ومواهبه الإبداعية،

15- تنمية الحس الجمالي لدى الطفل عن طريق الموسيقى والفنون التشكيلية والمســـرح والإطلاع والقراءة واللعب وغيرها من الفنون،

16- الانفتاح على ثقافات الطفل عند الأمم الأخرى بالتبادل الثقافي مثلاً،

17- الاهتمام بالصحة النفسية والبدنية والذهنية للطفل،

18- التثقيف البيئي للطفل،

19- رفع أمية الحاسوب وتمكن الطفل من معرفة شبكة المعارف الدولية وغيرهـــا مـــن شبكات المعرفة المتخصصة المتاحة والاستفادة منها،

20- إقامة موقع خاص بالانترنت لأدب الطفل، ومعـــرض مخيـــالي لرســوم الطفـــل، وبرمجيات ثقافية دينية وتاريخية وفنية وتدريبية، وربط المدارس بها،

21- توفير منافذ في شبكات المعارف والانترنت للولوج إلـــى مراكـــز ثقافـــة الطفـــل ومكتبات خدمة للطفل، والاستفادة من موسوعة مؤسسة الكويت للتقدم العلمي،

22- تنمية مهارات الاتصال والتواصل للطفل باللغة العربية،

23- إصدار مجلة وصحيفة إلكترونية وقواميس (متعددة اللغات والإخراج الفني ويعدها الكبار والصغار معاً) وموسوعات الطفل في شتى ميادين المعرفة،

24- الاهتمام بنشر كتب الأطفال المستمدة من التراث القومي وروح العصر،

25- ترجمة كتب الأطفال وتعريب المناسب منها،

26- توفير المكتبة المدرسية ومكتبات الأطفال مع مراعاة الفئة العمرية لكل مرحلة،

27- الاهتمام بإدخال مادة عن برامج التربية المتحفية في المنهاج الدراسي للأطفال،

28- التوسع في إدخال برامج ثقافية وأدوات معرفية حديثة وأساليب تثقيفية متطورة في مناهج تعليم الطفل،

29- تطوير المخابر في رياض الأطفال والمدارس وخلافه،

30- الاهتمام بمسرح الطفل وأصالته من حيث التأليف والإخراج والتمثيل،

31- إقامة المعارض والمهرجانات والندوات واللقاءات والقوافل الثقافية لمختلف الوسائط الثقافية (حاسوب، ألعاب تعليمية وتربوية، أفلام) ومسابقات الطفولة بين المدارس والرياض والولايات،

32- استحداث مراكز موجهة للطفل،

33- الاهتمام بالعاب الطفل الشعبية والمصنعة محلياً إضافة للألعاب المستوردة والمبرمجة، وتوفيرها والاستفادة منها في التعليم والمعرفة،

34- الاهتمام بهوايات الطفل،

35- تطوير أساليب البحث العلمي لدى الطفل وتدعيم قيم البحث والاستقصاء فيه،

36- إنشاء مدن العلوم للأطفال للألعاب والأنشطة اللاصفية والترفيه والتسلية والاهتمام بالنوادي العلمية،

37- الاهتمام ببرامج الأطفال وزيادة المساحة الزمنية لها في وسائل الإعلام المسموعة والمرئية والمقروءة، وتوجيهها توجيهاً تربوياً وعلمياً،

38- ترشيد أوقات البث الإعلامي لبرامج الأطفال لإكساب المعلومات والخبرات والمهارات والتربية،

39- طرح القضايا الدينية وخلاصات الثقافة الإسلامية بأسلوب مبتكر ومحبب للطفل،

40- توجيه الوسائط والأدوات الثقافية ووسائلها لتنشيط الطفل وتنميته وفق التقلنة الحديثة،

41- استقطاب الدعم الخارجي للمنتجات الثقافية للطفل من المنظمات العربية والإسلامية والعالمية المهتمة برعاية الطفل وثقافته،

42- تنشيط زيارات المتاحف والمواقع الأثرية والمعارض الفنية،

43- تشجيع مشروعات الإبداع الثقافي وإنجازه للطفل،

44- رصد الجوائز والحوافز التشجيعية للإبداع في قضايا ثقافة الطفل،

45- الاهتمام بمبادرات الاستثمار في قطاع الصناعات الثقافية وتشجيعها.

ثالثاً: الخطة

تسري الخطة لمدة ثلاثة سنوات وتمرحل على مراحل معينة:

<u>التشريعات والتنظيم الداخلي</u>

- وضع اللوائح الداخلية لشعبة ثقافة الطفل
- التوعية الجماهيرية بأهمية ثقافة الطفل
- اقتراح إنشاء كيانات ومراكز مهتمة بثقافة الطفل (على أن يتم استغلال الأنديــة الرياضية والمدارس لممارسة نشاط الطفل لحين إنشاء المراكز)،

<u>المنشآت والبنيات</u>

- التوأمة مع المنظمات العاملة في مجال ثقافة الطفل وعقد اتفاقيات ثنائية معها
- تبيان الاحتياجات الفعلية لمؤسسة النشر لتحقيق الخطط والأهداف الموضوعة في مدى زمن الخطة بغرض إكمالها
- تأهيل وتدريب القطاعات المهتمة بقضايا ثقافة الطفل في الوزارة طبقاً للمرجــو المتاح

<u>التدريب:</u>

- تدريب على أجهزة الحاسوب
- عقد حلقات تدريبية عن استخدام المنتجات الثقافية
- عقد ورش العمل والمؤتمرات والندوات والمحاضرات الخاصة بقضــايا ثقــافة الطفل

<u>التأهيل:</u>

- استقطاب الكفاءة المؤهلة في مجال ثقافة الطفل في كافة المناشط الثقافية
- تأهيل وتدريب الكوادر الراغبة المناط بها تزكية ثقافة الطفل وإصلاحها داخــل وخارج البلاد

<u>الصيانة:</u>

- وضع خطة صيانة يومية وأسبوعية وشهرية وسنوية للأجهزة والمعدات المعينة في ثقافة الطفل
- تفعيل جهاز الإحصاء وشبكة المعرفة ومصرف المعلومات

<u>تحقيق انتشار المنتجات الثقافية:</u>

- وضع خطة للنشر والتوزيع حسب مدة الخطة الاستراتيجية

- التنسيق بين مؤسسات التعليم والجهات المهتمة بثقافة الطفل لتحقيق الانتشار
- الاستفادة من الجهاز الإعلامي بالوزارة للانتشار المرئي والمسموع والمحسوس للمنتجات الثقافية
- توزيع المنتجات الثقافية على المكتبات العامة والخاصة
- إنشاء معرض دائم وآخر متجول للمنتجات الثقافية للطفولة على مستوى الجمهورية
- التركيز على طباعة روائع الفكر والأدب والتراث والثقافة السودانية والعربية والإسلامية للطفولة

حجم النشاط وتنوعه

- زيادة ساعات البث الإذاعي والتلفزيوني والعرض المسرحي للمنتجات الثقافية وبرامج الأطفال ومنتدياتهم وورش عملهم
- إعطاء أولوية لصنع المنتجات الثقافية للأطفال وعرضها وتنفيذهلفي إطار المسرح والموسيقى والغناء والرقص والتشكيل والفلكلور الشعبي والشعر والقصة وغيرها
- عقد الندوات في مؤسسات التعليم، ودور الثقافة وأنديتها، والتجمعات السكانية، ودور العبادة
- إقامة المهرجانات الثقافية على مستوى الجمهورية

كمية الإنتاج ونوعه

- التركيز على إنتاج المنتجات الثقافية المدرسية ومعينات الفهم وتركيز المعلومة وإثراء المعرفة
- زيادة منتجات ثقافة الطفل وإصدار مجلة الطفل وصحفه بالتعاون مع الأجهزة التعليمية والتربوية والشعبية ذات الصلة بهذا المجال

العلاقات الخارجية

- توقيع الاتفاقيات والبروتوكولات وخطابات التفاهم الثنائية مع الجهات المحلية والإقليمية والعالمية المهتمة بثقافة الطفل
- الاستفادة من الملحقيات الثقافية لنشر الثقافة السودانية بين أطفال السودانيين المغتربين والمهاجرين

- عقد الندوات الثقافية المشتركة مع دول أخرى أو منظمات أو مؤسسات أو دوائر عالمية
- استضافة ندوات ومؤتمرات ثقافة الطفل والبعثات والوفود الزائرة لترفيع فنون ثقافة الناشئة طبقاً لخطة واضحة ومحددة لكل عام
- تقديم الدعوات للمهرجانات الثقافية والكرنفالات والاحتفالات الوطنية المتعلقة بالطفل

العلاقات الداخلية

- التنسيق بين أمانات الوزارات والمؤسسات التعليمية والاجتماعية والثقافية والطوعية المهتمة بثقافة الطفل
- تفعيل دور الإعلام لتنشيط برامج الأطفال وإشراكهم في صنعها وإخراجها

التمويل

- التمويل الرسمي من القطاع الحكومي
- التمويل الخارجي من المنظمات والجهات المانحة وفقاً لبرلمج عمل محددة ومشتركة
- التمويل الشعبي والعون الذاتي
  - ◄ المنظمات العالمية والهيئات والشركات والمؤسسات
  - ◄ الهبات والعطايا والصلات والوقف
  - ◄ المصانع والغرف التجارية والصناعية
  - ◄ دواوين الحكومة المهتمة بأمور ثقافة الطفل

الاستثمار

- صناعة المنتجات الثقافية للطفل
- إنتاج وصناعة الأفلام والشرائح والأشرطة والملصقات لثقافة الطفل
- إحياء الحفلات والمسرحيات والعروض السينمائية والتلفزيونية ومسرح العرائس للأطفال
- إصدار المجلات والصحف وكتب الأطفال وتسويقها
- صناعة برامج الحاسوب الثقافية في أقراص لدنة واسطوانات مدمجة لأدب الطفل وتعليمه

البحوث والدراسات واستطلاعات الرأي ودراسات الجدوى للمشروعات

(أ) البحوث والدراسات:

- التراث الثقافي والإعلامي السوداني للطفل
- مسرح العرائس للأطفال والغناء والموسيقى والدراما في إطار ثقافة الطفل
- التوعية والتثقيف للأطفال

(ب) استطلاعات الرأي

- استطلاعات الرأي المرئية والمسموعة والمحسوسة بين فئات الأطفال

(ج) دراسات الجدوى للمشروعات

- إخضاع كل المشروعات ذات الصلة بثقافة الطفل لدراسة جدوى من جهات الاختصاص
- الإعلام عن إمكانية القيام بدراسة جدوى لمشروعات ثقافة الطفل في إطــار الوزارات

التنسيق الأفقي مع الهيئات والمؤسسات والرأسي مع الولايات

- حصر المنظمات الطوعية والجمعيات الثقافية المحليــة والإقليميــة والعالميــة المهتمة بثقافة الطفل
- تفعيل صلات التنسيق والتعاون مع المنظمات والجمعيات الثقافية للطفولة
- الاهتمام بالإحصاء والمعلومات والتوثيق لثقافة الطفل

رابعاً: البرامج

تفصيل الخطط على جداول زمنية تضبط مراحل الأداء كل عام

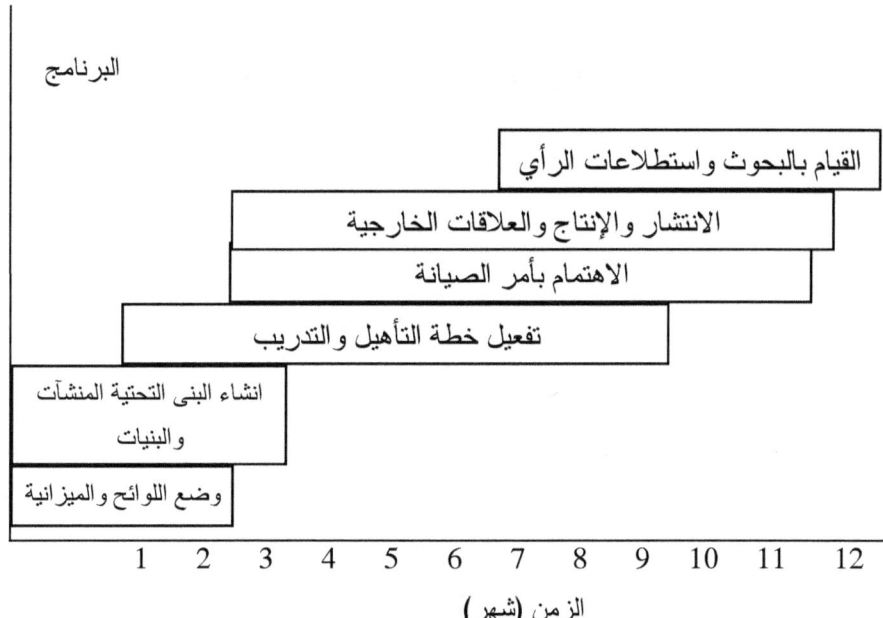

البرنامج

القيام بالبحوث واستطلاعات الرأي

الانتشار والإنتاج والعلاقات الخارجية

الاهتمام بأمر الصيانة

تفعيل خطة التأهيل والتدريب

انشاء البنى التحتية المنشآت والبنيات

وضع اللوائح والميزانية

| 1 | 2 | 3 | 4 | 5 | 6 | 7 | 8 | 9 | 10 | 11 | 12 |

الزمن (شهر)

خامساً: الميزانية

(أ) الإيرادات:

- الدعم الحكومي
- الدعم الشعبي والهبات والتبرعات والمساعدات والوقف
- العون العالمي والإقليمي لتفعيل البرامج وإنجازها
- رسوم وإيرادات من النشاطات القطاعية ذات الصلة بثقافة الطفل
- إيرادات مناشط الحاسوب وورش تعلم الحرف والمراسم وغيرها
- قروض مصرفية حسنة
- خدمات الطباعة والتصوير والنسخ والنشر والتسويق للمنتجات الثقافية
- خدمات الإحصاء المعلومات والتوثيق
- مصادر تمويل أخرى

(ب) المنصرفات

- تمويل برامج ثقافة الطفل حسب ميزانية الخطة الاستراتيجية المجازة لكـــل منها
- شراء الأجهزة والمعدات المعينة حسب الخطة
- المكافآت والحوافز المرصودة لترفيع الإنتاجية

6- مشروع المكتبة العامة برفاعة

انبثقت الفكرة من وحي أفكار الأخ عبد الله عبد الرحمن بن عـــوف علـــى منبر رفاعة لتطوير المدينة واقترح د. عبد المنعم علي قسم السيد تكـــوين لجنة لاعداد المشروع بعضوية عصام محمد عبد الماجد وعبد اللهـــ عبـــد الرحمن بن عوف وعلوية العمرابي ومن ثم أتت هذه الفكرة والمقترح الذي من المؤمل ترويجه:

1. **عنوان المشروع:** مشروع المكتبة العامة برفاعة.
2. **تاريخ البداية المتوقع**: يناير 2009 أو حالاً بعد توقيع الاتفاق بخصـــوص المكتبة بين السلطات المختصة وبين الجهات الممولة والداعمة.
3. **مدة سريان الاتفاق:** يتفق بشكل أولي على أربع سنوات ويخططلـــه ليســـتمر طويلاً.
4. **المجالات أو التدريبات المنشودة:** الحقل (القطاع) الرئيس المنشود هو حقـــل نشر المعرفة ونقل التكنولوجيا في اطار حقوق النشر والتوزيع والملكية الفكرية وحقوق المؤلف والحقوق المجاورة.
5. **اسم المؤسسة**: المكتبة العامة برفاعة، رفاعة، ص. ب. ، السودان، فـــاكس: ، بريد الكتروني: موقع الكتروني:
6. **الأقسام المعنية**: التزويد، والتوزيع، والنشر والتأليف والترجمة، والاســـتلاف، والفهرسة، والتعاون الخارجي، والمنتدى، والملكية الفكرية.
7. **مدير المشروع أو شخص الاتصال:** رئيس رابطة لبنـــاء رفاعـــة بالمنطقـــة الشرقية بالدمام بالمملكة العربية السعودية.

8. **<u>عنوان المراسلة الكامل</u>**: رابطة أبناء رفاعة بالشرقية، الدمام، المملكة العربية السعودية. هاتف مكتب: . سيار: . فاكس: . بريد إلكتروني: rufaaforall@ .org

9. **<u>اختيار المكان المناسب داخل مدينة رفاعة:</u>** لإقامة المكتبة العامة يجب أن تضم المكاتب التالية: مكتب الأمين العام للمكتبة، ومكتب مساعد الأمين العام، ومكتب السكرتارية، ومكتب العلاقات العامة، ومكتب الاستعلامات، ومكتب الاستشارات، ومكتب الإشراف، وقاعة للاجتماعات، وقاعة للمؤتمرات، ومقر المكتبة، ومكتب المحاسب، ومكتب المسجل، ومكتب لخدمات الانترنت، ومكتب مراقب الدوام والمراسلة والحرس.

موقع المكتبة الرفاعية العامة

تأمل السلطات المحلية والجهات الداعمة والممولة والمستفيدين أن تتمتع المكتبة بموقع ممتاز يطل على المواقع التاريخية للمدينة في مساحة لتحتضن المجمع الثقافي والخدمي الكبير. ومن المرتجى أن يصمم مبنى المكتبة من قبل فنانين رفاعة ومهندسيها في اطار مترابط بحيث يحدث توازنًا في الصورة العامة الكلية وتظهر فيه حضارات رفاعة القديمة والحديثة محاطة بالظل الوريف تجسيدا لقيم السلام والانفتاح والحوار والعقلانية والتفاهم التي تشتهر بها مدينة العلم والنور رفاعة، وتحوطه المياه من عدة اتجاهات بالمناظير المعمارية والهندسية والمادية المبينة للثقافة والفكر الرفاعي ليظهر المبنى في شكله العائم مجسداً لمنارة جديدة للعلوم والمعرفة والتقانة وعصر الحاسوب والمدن وللدهاليز الالكترونية والحاضنات الصناعية ويبين السياق المعماري الأداء للوظيفي لمبنى المكتبة عارضاً جوانبه الجمالية ومناظيره الفنية مستخدماً المساحات والإضاءة والمواد والألوان لترجمة الإطار المادي والتجريبي لصرح المكتبة، ويتفرد **السياق المادي** ليتناغم المبنى مع محيطه وبيئته وليعبر السياق الثقافي عن الإرث للتاريخي للمجتمع الرفاعي وليستلهم السياق الفكري للمنشأة المساهمة في تعزيز الحوار وتبادل الرأي وتداول الفكر حول القضايا التي تهتم بها المنطقة وتتأثر بها ثم ليستعرض المنظور الدولي الشكل الإبداعي وتشابك الحضارات المحلية والاقليمية والدولية بمختلف اتجاهاته ومتعدد أساليبه ومجموع مدارسه ومجمل أفكاره ومأمول رؤاه.

10. **سمة المشروع:** السمة المميزة للمشروع هي انشاء مكتبة عامة تعين الدراسات والبحث والأرشيف والتوثيق وحفظ التراث والتدريب وبناء القدرات والتنمية البشرية والاجتماعية ونشر المعرفة والعلوم ونقل التكنولوجيا الحديثة.

المعلومات هي أساس نهضة أي مجتمع ومبعث تقدمه وازدهاره، والدعوة لإنشاء مكتبة تسعى لاستثمار أحدث التقنيات في توفير المعلومات وإتاحتها لهذا المجتمع تعد خطوة إيجابية لدعم مقومات المجتمع وإتاحة الفرصة له لتعظيم المعلومات والبيانات والإفادة منها.

من شهيرات المكتبات العامة مكتبة الإسكندرية التي أنشأها بطلميوس الأول حوالي 290 ق.م. ووجدت الكتب سبيلها إلى الأديرة والكنائس في القرون الميلادية الأولى في الغرب. وأعتنى العرب بالعلوم والمعارف وإنشاء المكتبات العامة إذ تنافس الخلفاء والسلاطين والشيوخ والأمراء في مشرق الوطن العربي ومغربه في الإنفاق على المكتبات العامة ومدها بسبل الاستمرار والبقاء والعطاء والانجاز. ومن شهيرات المكتبات العامة الحديثة مكتبة المتحف البريطاني اللندنية، وأوكسفورد، والأسكوريال بالقرب من مدريد، والمكتبة الوطنية في باريس، ومكتبة الفاتيكان في روما، ومكتبة الكونغرس في واشنطن، ودار الكتب المصرية في القاهرة. وتميزت العصور الإسلامية بإزدهار الكتابة والتأليف والنشر. وشهدت عدة مدن نشؤ مكتبات على رفيعة التنظيم وجيدة الإدارة ومكتنزة المقتنيات مما جعل بعضها أكاديمية ثقافية ساعدت الإطلاع والقراءة وتقديم الخدمات المختلفة تغطية لحاجات روادها وآمالهم. وربما تعد مكتبة دار الحكمة ببغداد أول مكتبة وطنية تطل في ربوع العالم العربي والإسلامي إذ عرضت بها المؤلفات والمستنسخات والمنشورات بعدة لغات منها العربية واليونانية والرومانية والهندية والفارسية والسريانية وغيرها من لغات العالم السائدة حينئذ، وازدهرت بها عمليات النسخ والترجمة والنشر العلمي. في الوقت الراهن سادت في معظم الدول المتقدمة المكتبات الفخمة الضخمة. وأولت الدول ذات الحول والصول الأولويات للمكتبات والمتاحف والمعارض مثل: المكتبة الوطنية الألمانية ببرلين، والمكتبة الوطنية الإيطالية بلفورنسا، ومكتبة الفاتيكان بروما، والمكتبة الفرنسية بباريس، والمكتبة البريطانية بلندن، ومكتبة الاسكندرية وغيرها.

من المؤمل أن تضحى مكتبة رفاعة أحد الصروح الثقافية السودانية العملاقة، وتصبح منارة للثقافة الوطنية لتكون مركزا للمعرفة والتسامح والحوار والتفاهم ونافذة السودان على العالم ونافذة للعالم على السودان والبطانة. ومن المؤمل أن تبرز بمكتبة رفاعة مكتبة رقمية في قرن المعلوماتية لتحتضن للتراث الحضاري لممالك سادت ثم بادت في أرض رفاعة والبطانة والشرق السوداني مجسدة للثقافات المحلية والمجد الإنساني الخالد، لتعد مركزًا للدراسة والبحث والاستقصاء والحوار والتسامح والوحدة التي جسدتها مدينة العلم والنور ويقيناً أنها البقعة الوحيدة في العالم التي تتجاور فيها المسجد والكنيسة، ولتضحى نواة للمدينة الالكترونية وللدهليز التقني والحاضنة الافتراضية بالبطانة. ومن المنتظر أن يضم يضم هذا الصرح الثقافي متعدد الطوابق والممتدة فوق سطح الأرض وتحتها:

- ملايين الكتب والمجلدات والفهارس.
- مجموعة من المكتبات المتخصصة.
- حفنة من المتاحف وأندية العلوم.
- المراكز البحثية المتفردة في الطب والهندسة وللثروة الحيوانية والعلوم الاسلامية والادارة والدبلوماسية مما اشتهرت به رفاعة.
- المعارض المؤقتة والدائمة.
- قاعات لمعارض فنية متنوعة واستكشاف.
- مراكز للمؤتمرات والندوات والمحاضرات وحلقات الدرس والعمل.
- غرف للاجتماعات والحوار.
- عدد من الكافيتريات والملاهي.
- متاحف علمية وثقافية للطفل.
- متحف تاريخ العلوم ومتحف العلوم.

11. **أسباب الإنشاء والتكوين:** تتعدد أسباب انشاء مكتبة جامعة بعاصمة البطانة لتشمل: التسلح بالعلم والمعرفة والاستعداد لتحول مجتمع رفلعة للمعلومات والربط الرقمي مع دور العلم وصناع التكنولوجيا وموزعي المعرفة على أوسع نطاق واللحاق بالركب الحضاري والفكري والصناعي. وتفعيل دور المكتبة لإحداث التحول المرتجى لمجتمع المعلومات والتواصل العالمي الثقافي والتقني

في الفضاء المعلوماتي لمعالجة قضايا المجتمع وإحداث النقلة النوعية والتنمية الشاملة لاسيما وتعد المكتبة البوابة والمفتاح للمعرفة ونقل التكنولوجيا للفرد والمجتمع وتجويد الصناعة المحلية ونشر الثقافة والإنتاج الفكري المحلي عبر توفيرها لمصادر المعلومات ومنابع المعارف والخدمات العلمية. من المؤمل أن تقوم بالمدينة نوى للتالي:

- مكتبة عامة لتجميع مصادر وخدمات المعلومات الحاوية للكتب والمخطوطات والمراجع والموسوعات والسجلات والأفلام والوثائق والأعمال الفنية والزخرفية والصحف والمجلات والجرائد والنشرات والدوريات والخرائط والأطالس والرسومات الهندسية للمخطوطات التراثية القديمة والمصنفات والوثائق الأخرى والأعمال الفنية والمراسلات والمذكرات الحديثة والمطبوعات وغيرها من المواد الورقية غير المطبوعة المخزنة على الميكروفيلم والكاسيت والأقراص المضغوطة والمدمجة وشرائط الفيديو وأطزانات دي في دي بمختلف المواضيع واتاحتها للمراجعة والمطالعة والاستعارة.
- مكتبة رقمية لتوفير مصادر المعلومات الرقمية بكافة أشكالها وفئاتها، وللفهرسة وتوفير قاعدة بيانات ببليوجرافية ليتسع مجالها لإتاحة هذه المجموعات بكامل نصها وشكلها المنتج للمستفيد واتاحة إمكانات العرض والتصفح، ولتعمل على تنظيم هذه المصادر وتهيئة سبل بحثها واسترجاعها وتصفحها، وإدارتها، وحفظها، وتقديم خدمات المعلومات المتطورة للمستفيدين في كلفة الأوقات وأينما كانو من خلال آليات الدخول عن طريق شبكة عامة للمعلومات.
- مكتبة على الشبكة العالمية لوضع مكتبة ضخمة إلكترونية تسهل الوصول إلى المعلومات ونشرها وتصنف حسب العنوان أو حقل التخصص (الحقوق والهندسة والطب والفنون الجميلة والعلوم والآداب والسياسة والاقتصاد والاجتماع وغيرها). ومن أهم الأنواع التي من المؤمل رؤيتها بالمكتبة العامة برفاعة المجد والحضارة:
  - ◄ المكتبات ذات صفحة العرض الدعائية أو التعريفية (يتعذر بحث محتواها أو الحصول على كتاب ورقي أو إلكتروني منها).

- المكتبات شبه التقليدية (تتعامل مع روادها على الشبكة بعرض فهرسها وارسال الكتاب للورقي لطلاب الجامعات والمؤسسات التعليمية الأخرى).
- المكتبات الرقمية الحقيقية أو الإلكترونية (يمكن البحث فيها وتحميل المعلومات مباشرة إلى حاسب المتصفح في اطار صفحة أو نص مجرد أو ملف معالجات كلمات أو بيانات، أو ملف أكروبات PDF (يمتاز الملف النصي بصغر حجمه وسرعة تحميله، ويمتاز ملف الأكروبات بأناقته وإمكان ضبط محتواه بعدة طرق).

هناك فرق بين بين أتمتة المكتبات ورقمنتها. حيث تعنى الأتمتة بحوسبة العمليات المكتبية مثل استعارة الكتب وفهرستها وتنظيم العمليات الداخلية للمكتبات، وتتعلق الرقمنة بتحويل مجموعات من الكتب ضمن المكتبات التقليدية إلى صورة رقمية بمسحها ضوئيا، أو إدخال النص إلكترونيا. ومن الموصى به حال إنشاء المكتبات الرقمية: اعتماد نسق موحد للمعلومات، واتباع أسلوب النفاذ (مفتوح أو مغلق) إلى المكتبة الرقيمة، وتوخي الأمان والتحقق من هوية المستخدمين، وتبني برمجيات حماية حقوق الملكية الفكرية، ووضع البنية التحتية للمشروع من برمجيات وقواعد بيانات قادرة على التوسع واستيعاب الأعداد المتزايدة من المستخدمين، واستخدام محرك جيد وفعال للبحث. تتبلور رؤية المكتبة الرقمية المنشودة في إيجاد مستودع آلي وبوابة دخول أو وصول.

12. **الأبعاد البنائية والتنفيذية:** من المنتظر أن تتيح مكتبة رفاعة بضع أبعاد لغوية ومكانية وموضوعية وزمنية ونوعية. يركز البعد اللغوي على النتاج الفكري والأدبي بالبطانة وعموم العربية وموضع قدم للنتاج الفكري العالمي.ويقيد البعد المكاني لتوسيع الحدود الجغرافية للمكتبة لرفاعة الكبرى وما جاورها وما تعداها لابناء رفاعة بكافة دول المجهر عبر ربوع الكون وتمتد أبعاد التغطية الزمانية لغطية الإنتاج الفكري التراثي التاليد والطريف. ثم تتسع الموضوعات لتشمل الهموم الفردية والقبلية والمحلية والوطنية مع تغطي كلفة أشكال مصادر المعلومات وفئاتها في بعدها النوعي والشكلي مع إتاحة الوصول للمجموعات

المستفيدة على مدار الساعة واليوم والأسبوع والعام عبر شبكات المعلومات العنكبوتية.

13. **<u>الأهداف والمرامي:</u>** تسعى مكتبة رفاعة العامة لتحقيق مجموعة من الأهداف النبيلة المباشرة وغير المباشرة.

<u>الأهداف المباشرة</u>

- التغيير المجتمعي والتنمية المجتمعية الشاملة: عبر التخطيط والتنفيذ لترسيخ فكرة اعتماد المكتبة بوابة للمعرفة ومدخل لاكتساب العلم المستمر والتعلم الدائم والتنمية الذاتية للفرد وللمجتمع بفضل ما توفره المكتبة من مصادر للمعلومات وما تقدمه من خدمات وألا يتعامل مع المكتبة على أنها مجرد مخزن للكتب وأوعية المعلومات، أو أنها عنصر مكمل أو مجمل لصورة البطانة والبلدة وما بها من مؤسسات، أو أنها موقع للتسلية أو تزجية الفراغ. وينبغي تعظيم دور المكتبة للتعلم الذاتى واكساب المهارات والقدرات والاتجاهات الإيجابية فى إطار التنمية الذاتية للأفراد والمجموعات اقتصاديا واجتماعياً وثقافياً (مثل: إعداد دراسات الجدوى وانشاء المشروعات المحلية الصغيرة والمتناهية الصغر، وبرامج اكتساب مهارات الجودة والفعاليةفى إدارة المشروعات الزراعية والصناعية، والتسويق، والتغليف والتعبئة، والتصدير... الخ وكيفية استثمار تكنولوجيا المعلومات والاتصال، وبرامج التحويل المهنى وقيادة الحاسوب، وتعلم اللغات الأجنبية وإجادتها، وتقديم البيانات عن الفرص المتاحة للعمل والتعلم والتدريب (الإعلانات عن الوظائف، المنح، المسابقات..الخ)، وبرلمج محو الأمية الأبجدية والحاسوبية، والبرامج والحملات الوطنية للإرشاد الزراعى والصحى وغيرها، وأماكن للدراسة وتأدية الواجبات الدرلسية، وتزويد المكتبات المدرسية فى محيطها بالمصادر، وبرامج تنمية مهارات البحث عن المعلومات فى البيئة إلاكترونية مثل استخدام الفهارس ومصادر المعلومات الإلكترونية، وبرامج توفر فرص الإبداع الشخصى الأدبى والعلمى، وبرامج تنمية الوعى المجتمعي).

- الوصول بالمكتبة وخدماتها لجميع السكان عبر مختلف ربوع رفاعة الكبرى على أساس من المساواة وتكافؤ الفرص وإتاحتها لجميع أعضاء المجتمع دون تفرقة ما. وتقديم خدمات المعلومات المتطورة والمتميزة للتي تفي باحتياجات المستفيدين عبر الإعارة الداخلية والخارجية وتوصيل الوثائق والاستنساخ والإعارة المتبادلة بين المكتبات وإتاحة العتاد والبرمجيات والوسائط واللعب والألعاب (الأقراص المليزرة CD، DVD، والوسائط التفاعلية والتوليفات) والمساعدة على حل المشكلات واتخاذ القرار والرد على الاستفسارات، وبحث الإنتاج الفكرى وإعداد وقواعد البيانات، وإتاحة البوابات الإليكترونية للوصول إلى القوانين الرسمية وغيرها.

- المساعدة على متابعة ما يجرى من تطورات علمية ومتغيرات سياسية ومستجدات اقتصادية ونوازل اجتماعية ومخططات ثقافية (تقديم أنباء وتحليلات) على المستويات المحلية والوطنية والإقليمية والدولية.

- عقد المحاضرات والإجتماعات واللقاءات والندوات وحلقات العمل والعروض الفنية والأنشطة المجتمعية (فى الوقت المناسب ربما مجاناً أو من خلال رسوم رمزية) والمعارض للتعريف بالأجهزة والتقنيات والأدوات الحديثة في المجال بالطرق التقليدية (مباشرة، لوحة إعلانات، نشرات مطبوعة) ، أو بالتوصيل للمنازل وأماكن التجمعات، أو بالهاتف، أوفي الموقع الالكتروني والبريد اليكترونى ... الخ لتبادل الخبرات وبلورة المشاكل المتخصصة والعمل على إيجاد حلول لها.

- جمع التراث المحلى (آثار البطلنة وبيلنات مدنها وقرلها وتاريخها ورموزها، وقياداتها الفكرية والعلمية والأدبية والعقائدية والثقافية والفنية والسياسية والدينية) الشفاهى (الدوبيت والمواويل، وللدراما، والموسيقى والفنون والفلكلور الشعبي) والمسجل (الكتب والسجلات والخرائط والصور والنقوش والرسومات) وحفظه وإتاحته لخدمة المجتمع وتواصلها معه وتفقد جذور انتمائها إليه. ثم العمل على تحويل التراث المتجمع إلى الشكل الرقمى تمهيداً لاتاحته عبر بوابة المكتبة المعرفية تدعيما للانتماء وتأكيداً للهوية وتأطيراً للثقافة المحلية.

- استخدام نظم تكنولوجيا المعلومات والاتصالات الحديثة والادارة الالكترونية فى الإدارة المكتبية ومقتنيات المكتبة وتقديم خدماتها وسجل أنشطتها (تعليم مهارات قيادة الحاسوب، وإدارة الشبكات، ومهارات التعامل مع مصادر المعلومات والبحث عنها، وإمكانية إنشاء بوابات المعرفة والوصول إلى مواقع المعلومات) والوصل الفعال لمصادر المعلومات المتاحة ومن ثم استثمارها بكفاءة والإفادة منها لصالح احتياجات المستفيدين بالشراء أو الاشتراك أو التكافل أو الهبة من خلال المنازل أو مقاهى الانترنت أو أماكن العمل.

- التأهيل وبناء القدرات للعمل في المكتبات العامة لذوي المهارات والقدرات على الإدارة المكتبية والوعى والعمل الاجتماعى والقيادة والتعامل الإيجابى مع الآخرين ومساعدتهم وتلبية احتياجاتهم.

- المساهمة في وضع المعايير المهنية المكتبية التى توصف طبيعة العمل والأنشطة والخدمات والنوع والموقع والتصميم والانشاء والتنفيذ والتكليف والفوائد.

- نشر معايير الجودة والتقويم المستمر والمساءلة اسهاماً فى تحسين كفاءة هذا الأداء ورفع مستوى فعاليته والمساهمة في نظم تطوير تقنيات قياس الأنشطة والخدمات وتحديد مؤشرات الأداء (الإفادة من الخدمات و الموارد المتاحة و التكلفة المقارنة).

- التشابك والتشبيك مع المكتبات والمؤسسات الثقافية والمتاحف وصالات عرض الفنون ودور الأرشيف والغرف والنقاط التجارية والبرامج التعووية الصديقة والشقيقة في منظومة مفيدة للتنسيق والتكامل والتعاون والترشيد والتنسيق والشراكة الذكية والإعارة لاتاحة الأنشطة والخدمات.

- استقطاب الدعم والتمويل المادي والعيني واللوجستي وتعظيم الموارد للاستمرار المتصل والعطاء الفعال من المجتمع المحلى والمدنى والحكومة والإدارات والقطاع الخاص والمغتربين والمهاجرين.

- تلبية احتياجات المجتمع من المعلومات.

- تقديم الإستشارات المهنية لدعم الكفاءة المهنية وخدمة الأعضاء.

- إتاحة مصادر المعلومات لأكبر عدد ممكن من فئات المستفيدين.

- القيام بالإعارة وتنظيمها.

- التعاون بين المكتبة والمكتبات الأخرى بالدولة وبالخارج.

- تكامل المعرفة من خلال الإتاحة الشاملة والدائمة لكلفة أشكال مصادر المعلومات.

- الإحاطة السريعة والدائمة بالإنتاج الفكري الحديث وبحثه وتصفحه.

- حفظ وصيانة المجموعات الثمينة والنادرة بمنطقة البطانة ورفاعة الكبرى.

- إتاحة الوصول لمصادر المعلومات المتعذر الوصول إليها والمقيد استخدامها مثل المخطوطات والكتب النادرة لعلماء البطانة ومفكريها وأدبائها.

- الالتحاق بعضوية الجمعيات المهنية والمتخصصة المحلية والاقليمية والعالمية.

الأهداف غير المباشرة

- حفز المستفيدين وتنمية الاتجاهات الإيجابية والتنمية الذاتية لأفراد المجتمع للإفادة من المعلومات وخدماتها.

- دعم برامج التعليم المستمر والمفتوح.

- دعم خطط وبرامج التنمية الشاملة (الثقافية والاجتماعية والاقتصادية).

- دعم خطط وبرامج البحث العلمي.

- تقوية أواصر نظام الاتصال العلمي بين المستفيدين والمؤلفين والمترجمين والناشرين.

- إثراء حركة الحوار الفكري بين أبناء المجتمع عبر حلقات النقاش والتحاور والمنتديات العلمية والأكاديمية والثقافية.

- تضييق أبعاد الفجوة الرقمية وتجاوز انعكاساتها، من خلال توفير المعلومات وتهيئة المستفيدين وتدريبهم للتعامل مع التقنيات الحديثة واسترجاعها.

- الإسهام في دعم برامج محو الأمية المعلوماتية والحاسوبية.

14. الخدمات والعرض:

- البحث في قواعد البيانات الببليوجرافية.

- إتاحة مصادر المعلومات للعرض والتصفح.

- البحث عن مصادر المعلومات وتوفير المصادر التي لا تقتنيها المكتبة.

- الإحاطة بمصادر المعلومات الحديثة المضافة إلـــى مقتنيـــات المكتبـــة والمتوافرة في سوق النشر الإلكتروني.

- توفير المعلومات الحكومية المتصلة بنظام الدولة ومؤسســاتها كـــالقوانين والمراسيم واللوائح وإجراءات العمل.

- توفير فرص التعليم والتدريب قبل الخدمة وأثنائها وبعدها للتعليم المســـتمر عبر المشاركة في البرامج أو إقتراحها أو تمويلها أو تنسيقها مع المؤسسات العلمية ذات الصلة.

- جمع المعلومات عن الوظائف الخالية وتوفير المعلومات عن مؤسســـات المجتمع المحلي الحكومية أو الأهلية وعن خدماتها وفرص العمل وطلبـــات التوظيف والإعلان عنها للأعضاء والترشيح للتوظيف.

- تفعيل الحوارات والمناقشات عبر المنتديات المنظمة والمبرمجة.

- الخدمات الإعلامية الخاصة بالأحداث الجارية علـــى المســـتوى المحلـــي والوطني.

- خدمات رقمنة وتوثيق التراث المحلي بأشكاله المادية والفكرية والتعريـــف به.

- توفير البرمجيات الثقافية والتعليمية والترفيهية وبرمجيات العرض الهادفة واستخدام مصادر المعلومات الرقمية.

- توفير برمجيات عرض وإتاحة مصد ادر المعلومات للفئات الخاصة كالبرمجيات وقراءة النصوص وتحويل الملفات النصية إلى صوتية لذوي الاحتاجات الخاصة.

- الخدمات المرجعية الإلكترونية والرقمية وتوفير برمجياتها .

- النشر خاصة لأدوات العمل الفني والتجاري لتيسير الإتصال بين الأعضاء عبر الدوريات والتقارير، والإعلام عن الجمعية وموقفها في القضايا المختلفة ومناقشة مختلف القضايا وإصدار الأدلة، وتقديم النصح للأعضاء مثلاً في مجال معايير السلوك والخدمات والأدوات.

15. **المتطلبات والمقومات**

يتطلب تنفيذ مقترح انشاء مكتبة رفاعة توافر المقومات الآتية:

- استصدار التشريع المنظم للمكتبة وإدارتها وعلاقاتها مع المكتبات والهيئات الثقافية الأخرى والجهات المسؤولة إدارياً عنها وأساليب تقييم أدارتها وتمويلها ووضع الأولويات ضمن الخطة الاستراتيجية والعملية وفق السياسات المرسومة.
- تحديد المشاركة والانخراط فى شبكات المكتبات وتجمعات المؤسسات الأخرى ذات الصلة لسهولة الوصول إلى المصادر والموارد المتاحة والوفاء باحتياجات المستفيدين.
- الاتفاق على مصادر التمويل والدعم للمصادر الأساسية (الضرائب والرسوم والمنح الثابتة الرسمية) والثانوية (الهبات والمنح والأوقاف ودخل المكتبة الذاتي (رسوم العضوية والنشر والطباعة والتوزيع ورسوم الخدمات والغرامات والرعاية الدولية والمتخصصة).
- تشكيل لجنة المكتبة لتعنى بوضع السياسة العلمة والخطط والاستراتيجيات المتوسطة والقصيرة وتنظيم إدارة المكتبة وصياغة علاقاتها وضع برامج التشغيل وإقامة الشبكات والاشراف على إدارة الموارد المالية والبشرية وصيانتها ووضع

خطط التسويق واستقطاب الدعم بتمثيل من الأطر المتوفرة من خبراء المكتبات وجمعيات المكتبات والجهات المعنية بالمكتبات العامة.

16. **النظام المقترح ومراحل تنفيذه:** بناء على معطيات الواقع من المقترح أن تنفذ المكتبة على مراحل ربما على النحو التالي:

- تنشيط المكتبة المرحلة الراهنة وتلحق بإحدى المكتبات العلمة الكبرى للتي تتوافر لها مقومات رعاية هذه المكتبة واحتضانها (مثل المكتبة الوطنية بالخرطوم أو مكتبة جامعة خاصة وأهلية مثل الأحفاد).
- توسعة مجال المكتبة الرقمي ومدها بالعتاد والبرمجيات ليشمل دول مجاورة وشقيقة وصديقة.
- وضع التصاميم للمبنى الدائم للمكتبة وتسويقة للمانحين للدعم والتنفيذ في مدى زمني وميقات معلوم. وتحديد مقومات الإنشاء الفكرية والمادية والتقنية والفنية والبشرية والوظيفية والمالية والإدارية والتنظيمية

17. رؤية لآلية التنفيذ والمواءمة بين المقومات والتحديات

- الدراسة المتأنية للقضايا المهمة ذات الصلة.
- وضع الخطة العامة الضابطة والاستراتيجية اللاحبة والواضحة المعالم لبناء المكتبة وإدارتها وفق أهدافها في إطار عمل منظم ومنضبط يحكم كل الإجراءات والقرارات العملية التي تحكمه في كافة مراحله التخطيطية والتنفيذية.
- تحديد قدرة الأفراد والمؤسسات على إيجاد سبل استثمار المكتبة بكفاءة واستيعاب التغييرات الحتمية وايجاد الأطر المجتمعية اللازمة للحداث التغيير المرجو والمنشود.

18. النتائج المتوقعة:

- بشكل عام سوف يكون للمكتبة العامة من خلال دعمها لنشر العلم والمعرفة ونقل التقانة ومساندة التعليم والبحث العلمي موقعاً مهماً تؤدي من خلاله عملاً فاعلاً على المستوى المحلي والإقليمي والدولي، ومن يمكن توقع النتائج التالية والتكهن بها:

- بالنسبة لنشر العلم والمعرفة: سوف تفي بحاجات شرائح مجتمعية مختلفة تضم المدرسين والمعلمين وأساتذة الجامعات والمهندسين والأطباء والاداريين والقانونيين والحقوقيين والاقتصاديين والاسلاميين وللدينيين وطلاب الدرلسات العليا وعموم الطلاب والقطاعين العام والخاص وكافة مكونات المجتمع المدني والريفي والقروي بالبطانة ورفاعة الكبرى.
- بالنسبة للدراسات: سوف المسجلين للدراسات العليا من الدبلوم العالي والماجستير والدكتوراه وطلاب الجامعات والمعاهد العليا وعموم الباحثين في المجتمع المحيط.
- المساهمة في حل المشاكل المجتمعية وقضايا التنمية والتطوير من خلال بحوث الطاقم الأكاديمي والفني والمهني.
- تأسيس العلاقات البينية المفيدة مع المكتبات الشقيقة والصديقة الرائدة ومؤسسات التعليم العالي والبحث العلمي وكيانات تنمية المجتمع المحلية والاقليمية والدولية.
- الريادة في برامج الاهتمامات العامة محلياً وخارجياً.
- تحديث المكتبة متخصصة ومراكز التوثيق والبحث العلمي التقليدية والافتراضية.
- انشاء بنك المعلومات والتوثيق والارشيف والإرشاد من خلال وحدات مهتمة مع كافة المستويات.

19. الجهات المستهدفة والمستفيدة:

- المجتمع المحلي برفاعة الكبرى والبطانة.
- الطاقم البحثي والتعليمي في مؤسسات التعليم العالي والبحث العلمي المحلية والإقليمية.
- الطاقم العامل داخل مؤسسات القطاعين العام والخاص
- المؤسسات والمنظمات التي تعمل في مجال الملكية الفكرية.
- الطاقم القائم على تطوير مشاريع المكتبات العامة.
- الطاقم العامل في المنظمات الدولية ومشاريع المنظمات الطوعية وغير الحكومية ومنظمات المجتمع المدني.
- الهيئة التعليمية مع مستوى التعليم الأساس والعالي.
- المراكز والهيئات الثقافية والمتاحف.

20. الميزانية المقترحة:

البند (المستند)	القيمة الإجمالية خلال سنة واحدة بالدولار الأمريكي
البنية التحتية ومبنى المكتبة	
الرواتب والأجور	
الأعباء (التكاليف) الإدارية	
الأثاثات والمفروشات والأجهزة والمعدات	
الاجتماعات، والندوات، والمؤتمرات، وحلقات الدرس والعمل	
المجمعات الحاسوبية	
الاشتراك في المكتبة التقليدية والالكترونية والافتراضية	
المستلزمات والادوات المكتبية	
النقل والترحيل	
الصيانة الصلبة والمرنة	
البحوث العلمية	
النشر والترجمة	
المجموع	

21. الجهات الداعمة والممولة:

- الجهات الرسمية والحكومية.
- القطاع الخاص.
- المجتمع الشعبي.
- الجاليات واللجان والجمعيات والروابط المهاجرة.
- التبرعات والهبات والأوقاف والمنح من الأفراد والجماعات.
- منظمات الأمم المتحدة ذات الصلة.
- منظمات المجتمع المدني والمنظمات الطوعية والمنظمات غير الحكومية.

7- حول رعاية الإبداع والثقافة في جامعة السودان للعلوم والتكنولوجيا

البروفيسور الدكتور الصادق حسن الصادق
والبروفيسور الدكتور المهندس المستشار عصام محمد عبد الماجد

وقد كان أرباب الفصاحة كلما رأوا
حسناً عدوه من صنعة الجن
(أبو العلاء المعري)

فَعَلِّمْ ما استطعت لعل جيلاً
سيأتي يحدث العَجَب العجابا
(أحمد شوقي)

1) تعريف

- يقال بدع الشيء يبدعه وأبدعه وابتدعه وبدأه وأبدأه أي أوجده من لا شئ أو من العدم أو أوجده من غير سابق، والمبدئ والمبدع في الأصل هو الله سبحانه وتعالى {1}.
- إيجاد شيء غير مسبوق بمادة ولا زمان. فإذا كان مسبوقاً بالمادة فهو التكوين وإن كان مسبوقاً بالزمان هو الإحداث {1}.
- الإبداع يعني الجدة والقيمة، أي الشيء الذي لا يُستمد بكليته من القديم، ويكون ذا قيمة معترفاً بها {1}.

- الابتداء في شئ غير مثال سابقاً، متضمناً معنى الانقطاع عما اعتبر السير فيه من قبل مشروطاً بقيمته المتفق عليها بوعي ظاهر أو كامن {1}.
- أبدعت الشئ: اخترعته لا على مثال {2}.
- أبدع: أتى بالبديع. و – :أتى بالبِدعة. و – الشيء: أنشأه على غير مثال. الإبداع (عند الفلاسفة) إيجاد الشيء من عدم {3}.
- وأبدع الشاعر: أتى بالبديع من القول المخترع على غير مثال سابق {4}.
- عرف المرسوم المؤقت لقانون رعاية المبدعين لسنة 1999 المبدع على أنه "يقصد به أي شخص يتميز بإبداع أعمال ومؤلفات في ميادين الأدب والفنون والصناعات الثقافية تكون ذات مستوى مبتكر ينتج عنه عطاء قومي إيجابي" {5}

2) مراحل الإبداع

- العفوية والجهد والنصب والاستكمال.
- تجلي الفكرة ووضوح الهدف والموضوعية.
- الكشف والإلهام.
- الاستفادة من الأصالة والتجديد.
- التمكن من الفن وغنى الذاكرة وثرائها.
- حرية، التعبير والنشر والنقد.
- التجويد باستخدام أثر الوراثة والبيئة والاختصاص.
- التذوق الفني من قبل المتلقي العارف بالجمال والمقدر للأعمال الفنية.

3) مجالات الإبداع بالجامعة

- الكلمة والشعر،
- التميز في فن العمارة.
- التعبير بالخط والرقش والنقش والزخرف والحفر والتشكيل والتصوير والنحت والمنمنمات.
- صنع الآلة.
- فنون الثقافة والعلوم.
- الموسيقى والصوت.

- برامج الحاسوب المعرفية والخدمية.
- الحكايات والأساطير والقصص والفنون الشفهية والإسهامات الصحفية والسينمائية والمسرحية والمعارض.
- تأصيل العلوم وإسلامية المعرفة.
- أمن المعلومات والمعرفة.

4) ما يمكن أن تقدمه الجامعة للمبدع

1. المد بالكتب والمجلات للإطلاع على مستجدات العلم في مجال الإبداع قيد الذكر.
2. تسهيل الحصول على حقوق التأليف والترجمة والتعريب والنشر إلـى اللغـة العربية.
3. تقديم منح دراسية وإطلاعية قصيرة للمبدع للإطلاع على مستجدات الفـن فـي موطنه.
4. تسهيل حضور المبدع للندوات والمؤتمرات التي تهم إبداعه.
5. إقامة ندوات حول الإبداع العلمي بالجامعة.
6. إحداث جوائز وميداليات تشجيعية للمبدع.
7. تشجيع المبدع لتسويق إبداعه وتوزيعه أو تنفيذه أو نشره أو المنافسـة بـه فـي المحافل المحلية والإقليمية والعالمية.
8. تسهيل نشر الإبداع مع دار جامعة السودان للنشر والطباعة والتوزيع.
9. الإعلام عن الإبداع في المحافل ذات الصلة.
10. تسهيل حصول المبدع على المكافآت المحلية والعالمية المرصودة لمثل إبداعه، أو تشجيع حسن استقبال الجمهور له، وذيوع الصيت، والإغـراءات المعنويـة والتشجيع من الوسط الاجتماعي وترحيب الرأي العام، وحفاوة النـاس وعلـو الكعب والمنزلة، والمساعدة في الأمور التي تساعد المبدع علـى المزيـد مـن العطاء والإنتاج،
11. تنظيم دورات للتكوين والتمكين والتخصص.
12. تبني فكرة البحث العلمي الجماعي للاستفادة من المـواهب الفرديـة لاسـتنباط الابتكارات والاختراعات الجماعية لخدمة أغراض المجتمع.

13. توفير المناخ السياسي والاجتماعي والعلمي المناسب والمساعد على الإبداع: التوسط في العمل الروتيني، توفر مراكز البحوث والمكتبات، والاستقرار المعيشي، والحرية الفكرية.
14. تنظيم ندوات في أجهزة الإعلام (المسموعة والمرئية والمحسسوسة من: إذاعة وتلفاز وصحف السيارة ... الخ)، والجمعيات والمراكز الثقافية للحديث عن أعمال المبدعين.
15. تبيان أوجه معانات المبدع والتجاوزات ووضع الاقتراحات لمعالجتها.
16. التنسيق والتعاون مع الصندوق القومي لرعاية المبدعين لتشجيع الإبداع بالجامعة وحمايته وتنشيط الثقافة وتعزيزها.
17. إصدار كتاب تراجم المبدعين والتعريف بهم ومصطلحات الإبداع.
18. وضع خطط لتشجيع وتنظيم ترجمة نتاج المبدع إلى اللغات الأجنبية الحية.
19. عقد ندوات وملتقيات لتبادل الخبرة بين المبدعين على المستوى المحلي والإقليمي والعالمي.
20. إقامة معارض لمبدعي الجامعة.

5) مجلس رعاية الإبداع والثقافة بالجامعة

من المقترح لرعاية الإبداع العلمي والثقافي والفني والأدبي والاجتماعي بالجامعة قيام مثل هذا المجلس لتحقيق الأهداف التالية:

1- رعاية المبدعين الشباب للاستفادة من نشاطهم وقدراتهم الإبداعية وتنميتها لأثناء عنفوان الشباب.
2- رعاية الإبداع العلمي والثقافي والاجتماعي والفني وكشفه وتوفير المعلومات عن المبدعين بكليات الجامعة ومراكزها ومعاهدها ومؤسساتها المختلفة.
3- تشجيع الأفراد المبدعين وإعلام إسهامهم لتجسيده ولتحقيقه وتوظيفه والانتفاع به.
4- التنمية الثقافية الذاتية والمؤسسية.
5- تربية الذوق الفني في الجامعة.
6- صون حقوق المبدعين على المستوى المحلي والإقليمي والعالمي.
7- توطيد منشآت التنمية الثقافية للمبدعين وأجهزتها ولوازمها ونشرها.

8- التواصل والاتصال والتكامل والتوأمة والتنسيق والتعاون مع جهات رعاية المبدعين المحلية والإقليمية والعالمية.

9- وضع استراتيجية وخطط وبرامج تطوير رعاية الإبداع بالجامعة للاعتبارات التربوية والفنية للمبدعين ومشاركتهم.

10- وضع برامج رعاية المبدعين بالجامعة وإيجاد التمويل اللازم لتنفيذها.

11- إنشاء صندوق الإبداع العلمي والثقافي والفني بالجامعة للمعونات المالية من الجهازين العام والخاص،

12- إعداد اللوائح والنظم التي تضبط اعمل وتتقنه وتحدد أطر تقويم الإبداع.،

13- إجازة السياسات العامة وخطط المجلس وموازنة واقتراح هياكله،

14- تكوين اللجان التي تعين المجلس على تنفيذ اختصاصاته،

15- تمثيل الجامعة داخلياً وخارجياً في أمور الإبداع العلمي والثقافي،

16- إبرام العقود والاتفاقيات الخاصة بالإبداع العلمي إنابة عن الجامعة.

6) موارد مجلس رعاية الإبداع والثقافة بالجامعة

تتكون موارد مجلس رعاية الإبداع والثقافة بالجامعة من التالي:

1. دعم الجامعة،
2. الاعتمادات والإعانات المخصصة له من الدولة،
3. التبرعات والهبات والأوقاف والوصايا التي يقبلها المجلس،
4. عائد استثمارات صندوق دعم الإبداع العلمي.

تستخدم موارد الصندوق الإبداع العلمي والثقافي لتحقيق أغراضه، ورعاية المبدعين، وإدارة وتسيير أعمال المجلس وأي أوجه صرف للمشاريع المجازة بواسطة المجلس حسب لوائحه.

7) مقترحات عامة

• ينبغي أن تقوم الجامعة بتكوين لجنة تسيير تحضيرية: لوضع النظام الأساسي للمجلس، وتحديد أهدافه، ووضع برامجه، والتبشير به، وابتكار هياكله، وتوضيح علاقته الفعلية بالجامعة ومؤسسات الدولة العامة والخاصة. ومن المقترح أن

تضم اللجنة: مؤرخ، ومتخصص لسانيات، ومتخصص قانوني، وفقيه، ومتخصص علم نفس، وفيلسوف، وأديب، ومتخصص اتصال ونظم حاسوب، ومتخصص فنون جميلة وتصميم إيضاحي.

- في الوقت الحاضر ولحين تفعيل المقترحات المرصودة في هذه الورقة يمكن أن تقوم لجنة التأليف والنشر برعاية الإبداع العلمي والثقافي بالجامعة وفق معايير إجرائية مؤقتة.

6) المصادر والمراجع

(1) الثقافة والإبداع، في الخطة الشاملة للثقافة العربية، المنظمة العربية للتربية والثقافة والعلوم، تونس 1992.

(2) ابن منظور، لسان العرب، مؤسسة التاريخ العربي، دار إحياء التراث العربي، المجلد الأول، بيروت، لبنان، الطبعة الثالثة 1993.

(3) مجمع اللغة العربية، المعجم الوجيز، جمهورية مصر العربية 1995.

(4) محب الدين أبي فيض السيد محمد مرتضى الحسيني الواسطي الزبيدي الحنفي، تاج العروس من جواهر القاموس، المجلد الحادي عشر، دار الفكر للطباعة والنشر والتوزيع، الطبعة الأولي، بيروت، لبنان 1994.

(5) مرسوم مؤقت قانون رعاية المبدعين لسنة 1999، جمهورية السودان.

(6) مذكرة تفسيرية مرسوم مؤقت قانون رعاية المبدعين لسنة 1999، وزارة الثقافة والإعلام، جمهورية السودان.

(7) مصطفى سند، تقرير الجنة حول مرسوم مؤقت قانون رعاية المبدعين لسنة 1999، المجلس الوطني، الخرطوم، جمهورية السودان

وبالله التوفيق

8- الوحدات الإنتاجية بجامعة السودان للعلوم والتكنولوجيا

تتميز جامعة السودان للعوم والتكنولوجيا بالعديد من التخصصات النادرة للتي يمكن أن تقدم العديد من الخدمات التنموية إذا توفرت الإمكانات لزوارنا على أسس إستثمارية بحتة دون أن تؤثر على النواحى الأكاديمية والتدريبية .

أوجه الإستثمار:-

فهناك عدة مجالات ذات جدوى إقتصادية عليا إذا توفر رأس المال على سبيل المثال:

أ- وحدة الخزف

ب- مطبعة ودار نشر

ج- مزارع الدواجن بكلية الإنتاج الحيوانى

د- مزارع إنتاج الألبان بكلية الإنتاج الحيوانى

هـ قسم النسيج بكلية الهندسة

و- ورش النجارة بكلية الهندسة

ز- ورش الإنتاج بكلية الهندسة

ح- قسم الأشعة التشخيصية والعلاجية

ط- قسم المعامل الطبية

ى- قسم التصميم الصناعى

ك- تصميم وطباعة المنسوجات

ل- التصميم والإعلان الإيضاحى

م- مكتب سكرتارية متخصصة

ن- معمل مكتمل للإختبارات الطبية

كل هذه الوحدات وغيرها يمكن الإستفادة منها فى العمل الإنتاجى بتوفير رأس المال اللازم عن طريق إستقطاب القطاع الخاص للإستثمار فى هـذه المجـالات تحت إشراف مجلس إستشارى متخصص يضم رجالات الصناعة والمال والبنـوك المتخصصة بالإضافة إلى تمثيل إدارة الجامعة وتتبع رئاسته لمدير الجامعة علـى أن تكون مهام هذا المجلس :

1. تحديد مجالات الإستثمار ذات العائد المجزى وللـتى يمكـن أن تسـهم إسهاماً فاعلاً فى دعم الجامعة دون أن تؤثر على الأداء الأكاديمى .
2. الإستفادة القصوى من إمكانات الجامعة فـى دعـم وتطوير الصـناعة وإدخال نتائج البحوث العلمية والمبتكرات مباشرة فى مجالات الإنتاج .
3. دعم وتشجيع الأبحاث العلمية التى تسهم فى تطوير الصناعة .
4. إستقطاب العون الخارجى وإتاحة الفرص للعاملين للتدريب فى مختلـف ضروب الصناعة بالداخل والخارج للإستفادة من الخبرات الأجنبية فـى الدول المتقدمة صناعياً .
5. فتح أسواق خارجية للمنتجات المحلية التى تنتجها الوحدات المختلفة لجلب العملات الصعبة وقطع الغيار للمعدات المستخدمة فى الإنتاج .

أسلوب العمل:-

1. أن تمنح الوحدات الإنتاجية درجة من الإستغلال يمكنهـا مـن مباشـرة المهام الموكلة إليها دون تأثير على إمكانات التدريب .
2. إجازة القوانين واللوائح التى تحكم سير الوحدة الإنتاجية وعلاقتها بالجامعة .
3. 3إعداد وتدريب الكوادر اللازمة لتشغيل الوحدة .
4. حصر الإحتياجات اللازمة لعمل الوحدة من مواد خام وآليات ومعدات .
5. عمل مسح وحصر إحتياجات السوق الخارجى والمحلى للسلع المنتجة .
6. وضع شروط الخدمة اللازمة لجذب الكفاءات للعمل بالوحدة .
7. وضع الضمانات اللازمة للمستثمرين وتحديد الحقوق والواجبات .
8. عمل النظم المحاسبية التى تحدد أوجه الصرف وضـبط المنصـروفات وفق القوانين المحاسبية السارية .

9. صياغة وترفيع البروتكولات التجارية والصناعية الداخلية والخارجية وضمان التوزيع العادل للعائدات بنسب محددة .

10. الإشراف الفنى وضبط الجودة وضمان مطابقة المواصفات الصناعية للسلع المنتجة .

11. عمل جهاز لمتابعة التسويق والإلتزام بالتعاقدات الداخلية والخارجية .

12. عمل الإعلان التجارى للترويج للمنتجات داخلياً وخارجياً .

13. الحصول على الإعفاءات الضريبية والجمركية فى السندات الأولى للإنتاج .

14. فتح الإعتمادات بالعملة الصعبة لاستجلاب المعدات والمواد الخام اللازمة للإنتاج من الخارج .

15. التسهيلات اللازمة للتصوير .

ضوابط للمشاريع الإستثمارية المقترحة:-

1- لها علاقة بإحدى وحدات التعليم بالجامعة .
2- تمثل الوحدة فى مجلس إدارة المؤسسة الإستثمارية .
3- يعين للمشروع مدير بواسطة الجامعة .
4- يفتح حساب خاص بالإستثمار يتبع مشاركة بين الوحدة والوحدات الحالية بالجامعة .
5- النظر فى تكوين شركة داخلية بالجامعة طبقاً للأسس والقوانين المتاحة .

التمويل:-

من المقترح أن يمول المشروع الإستثمار بأحد أو مجموعة من الطرق التالية:

1- تمويل كلى من الجامعة .
2- مشاركة الجامعة لرأس المال مع المستثمر .
3- تمويل كلى من المستثمر .
4- تمويل كلى من خارج الجامعة .
5- البنك المركزى .
6- إتحاد الحرفيين .
7- المصارف .
8- الصندوق القومى للمعاشات .

9- ديوان الزكاة .

10- التأمينات الإجتماعية .

11- مؤسسة التنمية السودانية . الأمانة العامة للإستثمار .

12- بنك النيلين للتنمية الصناعية .

9- البحث العلمي بالجامعة

اهتمت سياسات استراتيجية الصناعة "بتشجيع البحوث العلمية والتقانية الوطنية وأنظمة الترخيص ونقل التقانة. للارتقاء التقاني بالصناعة الوطنية، والبناء التدريجي للتقانة والخبرة الوطنية الملائمة لتقدم الحلول لقضايا تنمية الموارد الوطنية الطبيعية، ووسائل تحويلها وإكسابها قيماً مضاعفة. وإدخال نظم الإدارة الحديثة ومؤسسات التدريب علي كافة المستويات لبناء كادر قومي من المنظمين والمبتكرين الصناعيين، واحتياطي وافر من العمالة الماهرة المتوثبة".

كما وتنادي استراتيجية التعليم العالي: "بتشجيع البحث العلمي، خاصة البحث التطبيقي والجماعي ومتعدد التخصصات وربطه بالتدريس والإنتاج واستنبات أصوله".

وتمشياً مع الاستراتيجية القومية الشاملة للدولة ندرج طيه قائمة البحوث العلمية المخصصة للأهداف القطاعية.

الكلية	الاستراتيجية	المنطوق المقتطف من الاستراتيجية
كلية الهندسة:	الصناعة **التخطيط العمراني والإسكان:** **التخطيط العمراني:**	• تطوير صناعات مخلفات السكر كالورق من البقاس والخميرة من المولاس. • معالجة مخلفات الصناعة. • تطوير المنتجات الطينية كالطوب والبلاط للسقوف والأرضيات. • التوسع في إنتاج الجير. • التركيز على تحسين نوعية المنتجات الصناعية. • التوسع في مجالات السكر والمنسوجات والمنتجات الغذائية والمنتجات الجلدية والأسمنت لإنتاج فائض كبير للتصدير. • إقامة صناعات جديدة كتجميع الآلات الزراعية، والأجهزة الإلكترونية،

كلية العلوم:	البيئة: الصناعة	وتصنيعها وصناعة الصودا الكاوية والمبيدات والبتروكيماويات والحديد والصلب. * تطوير الأنماط التقليدية في السكن وبخاصة في الريف والبادية التي تقوم أساساً على استخدام المواد المتوفرة في البيئة. * وضع الأسس السليمة لقيام صناعة مواد البناء والاستفادة من الدراسات الهامة التي تمت في هذا الشأن. * الاستفادة من كافة الأبحاث التي قامت بها مراكز بحوث البناء والجامعات وللوزارات ومراجعتها وتوثيقها (مواد وأساليب البناء). * التركيز علي البحث في مجالات التنمية الريفية خاصة في مجالات إصحاح البيئة والإسكان وتوفير المياه والصرف الصحي والطاقة، والبحوث في مجالات الارتقاء بصناعة البناء وخفض كلفته والاستفادة من المواد المتوافرة بالبيئات المحلية خاصة. * توفير المعوقات الأساسية للارتقاء بصحة البيئة وبيئة الحضر، من ماء نقي، وإرشاد ووسائل تجميع النفايات ونقلها، والاهتمام بتخطيط المدن وضبط ذلك بخريطة موجهة لكل مدينة. * وضع خطة شاملة للبحث العلمي في كل مجالات البيئة تنفذ على مدى فترة الإستراتيجية. • الاكتفاء الذاتي من الأسمدة. • للبدء في صناعة تركيب

تكنولوجيـا الأغذيـة والإنتاج الحيواني:	التنمية الصحية: الصناعة	المبيدات. • التوسع في صناعة الأسمنت. • إنشـاء مشـروع اللقاحـات والمنتجات الحيوية ودعم البحث العلمي المتصل بها. • إنشاء وحدات إنتاج مسـتلزمات المعامل. التوسع في الاستفادة من النفايات في بعـض الصناعات.
الدراســـــات الزراعية:		تطوير قطاع الذبيح والسلخ ومنتجـات اللحوم. تطوير صناعة أغذيـة الأطفـال مـن خامات محلية. تصنيع كل الخامات الجلديـة وتصدير جلود جاهزة.
	الزراعـة وللـثروة الحيوانية والمـوارد الطبيعية: الصناعة:	• مضـاعفة للـثروة الحيوانيـة ثلاثـة أضعاف. • تطوير أساليب تربية الحيوان ورعـايته وتأهيل الرعاة وأصحاب الأنعام. • استئصـال الأمـراض الوبئيـة والمستوطنة.
	الزراعـة وللـثروة الحيوانية والمـوارد الطبيعية:	• تطوير صناعات التعليـب ومركـزات الخضر والفواكه. • تطوير صناعة تجفيف الأغذية. • تنمية قطـاع الصـادر مـن الأعلاف والمنتجات الغذائية.

كلية الفنون:	**الصناعة:**	• الاكتفاء الذاتي والتصدير من منتجات الخميرة والجلكوز. • تصنيع المواد العطرية والطبية. • تصنيع الحبوب الزيتية. • تطوير نظم الري وتحديثها وزيادة كفايتها. • مضاعفة إنتاج الحبوب الغذائية ستة أضعاف على الأقل ومحاصيل الحبوب الزيتية خمسة أضعاف على الأقل، وتنويع المحاصيل الأخرى ومضاعفتها مرتين على الأقل كالنبلتات الطبية والعطرية. • تصنيع منتجات الخزف من خامات محلية. • تطوير الصادر من الرخام والقرانيت. • تطوير إنتاج معدات الصناعات الصغيرة محلياً.
	تنمية السياحة:	• تطوير الاستثمار في تنمية الحرف اليدوية والصناعات التقليدية، وترويجها وتسويقها في الداخل والخارج وإدخالها في السوق العالمية. التعريف بالتراث الفني للحضارة الإسلامية، والتقاليد الأفريقية في التشكيل الثقافي. • التوعية الاجتماعية والقضاء على العادات الضارة. • ترشيد الاستهلاك وإذكاء روح الادخار

	الإحياء والإشعاع الثقافي:	والإنتاج. • الإرشاد الصحي والبيئي. • دراسة العادات السلوكية والاستهلاكية ومحاربة سلبياتها. وضع برامج موجهة للمرأة للحفاظ على البيئة.
	الصناعة:	الاهتمام بتدريب الفئات الخاصة، المرأة والشباب والمعاقين والمسنين. الاهتمام بالبحث العلمي في مجالات الاتصال المختلفة واعتماده كأساس لسياسات الاتصال وربطه بالتنمية الاجتماعية والاقتصادية والثقافية.
كلية التكنولوجيا والتنمية البشرية:	**الرعاية والتنمية الاجتماعية:** **التدريب:** **الإعلام: للتدريب الإعلامي:**	• تضمين الرياضة في المناهج والجدول الدراسي لجميع التلاميذ والتلميذات. • الاهتمام بالدورات الرياضية المدرسية المحلية والقومية للمراحل المختلفة، وتوسيع مشاركة المؤسسات التربوية فيها، والمشاركة في الدوريات المدرسية الإقليمية والدولية. <u>التأهيل والتدريب:</u>
التربية الرياضية:	**الرياضة:**	• اعتماد نظام ثابت للتدريب بكل أنواعه ومقتضيات تدرجه، وذلك بعقد الدورات المتوسطة والمتقدمة في مجالات الإدارة، والتدريب، والتحكيم، والإعلام الرياضي، والطب الرياضي، وفنيي الملاعب، والاستفادة من برامج التكامل، والاتفاقيات، والمنح.

		• اهتمام الإعلام الرياضي بالقضايا والمشكلات الرئيسة للتنبيه على معالجتها. • تدريب الإعلاميين والنقاد الرياضيين. • توثيق الحركة الرياضية. • تطوير الصناعات الوطنية للمعدات والأجهزة الرياضية. • إجراء مسح رياضي شامل، مع عناية خاصة بالرياضة قبل المدرسة (رياض الأطفال والخلاوى) والمعاقين وما يلائم ظروفهم من ضروب الرياضة ويحقق اندماجهم الكامل في مجالها. • عقدندوة مخصصة حول الإعلام الرياضي لإرسائه على أسس علمية ومبنية على الالتزام الصارم بما جاء بميثاق الإعلام الرياضي. • إقلمةللدورات الثقافية الرياضية المدرسية المحلية والقومية للمراحل المختلفة كل عام، وإلزام كل المؤسسات التعليمية بالمشاركة فيها. • استمرار عملية التوعية القومية بالرياضة، وإقلمة حلقات نقاش ومؤتمرات متخصصة على المستوى القومي والولايات. • عقد حلقات نقاش خاصة بالإحصاء الرياضي وتقويم ما تم، ومدى مواكبته لمتطلبات المرحلة.

ولكم وافر الشكر

1. د. عصام محمد عبد الماجد
2. يوليو 1999

10- الهندسة البيئية للطالبات استشرافاً للمستقبل

ورقة مقدمة لكلية الهندسة بجامعة الدمام – المملكة العربية السعودية

إعداد

د. م. إلهام منير بدور[5] و أ. د. م. م. عصام محمد عبد الماجد[6]

مقدمة

يعرف مجلس الاعتماد للهندسة والتكنولوجيا الأمريكــي (Accreditation Board for Engineering and Technology, ABET) {1} الهندسة على أنها "المهنة التي تطبق فيها بحكمة معارف الرياضيات والعلوم الطبيعية المستقاة بالتعليم والخبرة لتطويـر الطــرق التي تمكن من الاستخدام الاقتصادي للمواد والقوى الطبيعية لمنفعة البشرية وخيرها".

البيئة هي كل ما يحيط بالإنسان في هذا الكون من هواء وماء وتربة، لذا فعند المحافظة عليها يطيب العيش في عالم نظيف وخالٍ من التلوث. فالبيئة هي مصدر الحيـاة علــى الأرض، وتحدد وجود النمو وتوجه التنمية وجميع الابتكارات البشرية. كما وللبيئة تأثير مباشر على الرفاهية المادية والاجتماعية والاقتصادية لمن ينشدون حياة صحية وبيئــة معافاة. ومن المسلم به أن الغالبية العظمى من الأمراض المعروفة للإنسان – خاصة في البلدان النامية – هي بسبب تلوث المياه وتدني الإصحاح البيئي ونقص المعرفة والوعي البيئي. وللمرأة القدح المعلى والدور الحيوي في تعزيز السلوك المسؤول بيئياً في محيط السكنى وكذلك في كافة الأنشطة المتصلة بالحفاظ علــى المــوارد الطبيعيــة والتنميــة الاقتصادية الشاملة في البلاد {2}.

---

[5] أستاذة الهندسة البيئية والسيطرة على تلوث البيئة ومحطات معالجة المياه والنفاية وإعادة استخدامها بجامعتي حلب و تشرين بسوريا
dr_elham_bador@hotmail.com

[6] أستاذ الهندسة البيئية وموارد المياه بقسم الهندسة البيئية بكلية الهندسة بجامعة الدمام بالمملكة العربية السعودية
iahmed@ud.edu.sa or isam.abdelmagid@gmail.com

كل إنسان من ذكر أو أنثى يجب أن يكون له دور بيّن للمحافظة على البيئة، ومن المثل القائل "اليد الواحدة لا تصفق"، ومن مبدأ توحيد الهدف والعمل كفريق لتحقيق الأهداف بطريقة أسرع وأسهل،فالاتحاد ومساعدة البعض البعض الآخر (الذكر والأنثى) سيجعل الإنجاز أعظم بكثير مما هو متوقع، وكما قال الشاعر:

كونوا جميعاً يابني إذا اعترى   خطب ولا تتفرقوا آحادا

تأبى الرماح إذا اجتمعن تكسّراً   وإذا افترقن تكسّرت آحادا

لذا من غير المستطاع تخصيص مسؤولية الذكر وتحديدها فقط بالمحافظة على البيئة وحمايتها بمعزل عن الأنثى؛ لا بل يمكن القول أن للمرأة الدور الأكبر في شؤون البيئة، وكما يقال "وراء كل رجل عظيم امرأة أعظم" فالمرأة هي التي تعلم أبناءها (من ذكور وإناث) منذ الولادة وتدريبهم على السلوك الجيد من خلال إطعامهم وسقياهم ومأواهم وثقافتهم، فعند تعليم الطفل نظافة الطعام والبيئة التي يعيش فيها من مسكن وملبس وملعب وهلمجرا، فتعلمه المحافظة على السلوك الجيد الذي يضمن حياة نظيفة بعيدة عن الأمراض والأوبئة، مع المحافظة على الموارد الطبيعية والتي هي في قلة.

من هنا تتجلى ضرورة مساهمة المرأة في بناء المجتمع السليم والبيئة النقية المعافاة.

ومن ثم الدعوة للنساء في القيادة البيئية وإدارة الموارد البيئية والطبيعية، سيما ولديهن المقدرة لاستنباط الحلول التصميمة بطريقة مختلفة وعمق أكبر نظراً للقيم الأخلاقية العليا لديهن للرعاية تجاه الآخرين وإيكولوجيا البيئة، وايمانهن بالاستدامة البيئية، وبراعتهن في الترابط الجماعي، وتميزهن في الشبكات الاجتماعية للتعاون الناجح، واعتمادهن على بعضهن لتنظيم العمل البيئي الجماعي المستدام، وادراكهن للحاجة الأساسية للجمال للحفاظ على القوى البدنية والعقلية والروحية للفرد {3}.

أهمية الهندسة البيئية للحياة والتقدم والتنمية والنمو الاقتصادي

المرأة تعلم أبناءها استخدام المياه بشكل سليم وعدم تعرضه للتلوث، وتدربهم على الاقتصاد باستخدامهم للماء بشكل يضمن توفره للجميع واستدامته. وكذلك تعلم أبناءها التقليل من النفاية الناتجة عن الاستخدام وذلك من منطلق حماية البيئة من التلوث بالمخلفات وما شاكلها، مع إمكانية تدوير النفاية واستعمالها ، وكذلك تعلمهم كيفية الالتزام بشراء ما يلزمهم دون المبالغة، لأن ما يزيد عن احتياجهم يذهب هدراً مسرفاً

وكنفاية ملوثة للبيئة، إضافة إلى أن هناك الكثير من البشر يحتاج لهذه الأشياء وهم لا يستطيعون تأمينها. إضافة إلى أنه يمكن الاستفادة من النفلية بإنتاج الطاقة (الغاز الحيوي، البيوغاز) وبهذا تقلل النفاية ويستفاد منها وذلك من خلال تجميع المخلفات الصلبة بكل أنواعها واستخدامها وفرزها وإعادة تدويرها. وكذلك تعلم المرأة أبناءها كيفية التعامل مع النفاية الخطرة والتخلص منها بشكل آمن. من هنا تظهر أهمية التربية البيئية للأم التي تنقلها للأجيال وبهذا ينشأ جيل متعلم بيئياً بالفطرة.

تدخل البيئة في معظم التخصصات الهندسية التي تضم: التقانات البيئية، والعلوم البيئية، والتنمية الريفية البيئية، وهندسة البيئية البحرية، والبيئة العمرانية ، والصحة البيئية، والكيمياء البيئية، والوقاية البيئية، والقوانين والتشريعات البيئية، والبيئة والإسلام، والبيئة والعمل، والبيئة والتنمية المستدامة، والهندسة الصحية، والصحة العمومية، وصحة المجتمع، والسلامة المهنية، والسلامة البيئية، وادارة المواد الملوثة وتخفيضها، والتربية البيئية، والادارة المتكاملة للموارد المائية، وإدارة النفاية، والمراقبة البيئية، ودارسة الجدوى البيئية؛ كما تشمل منع التلوث وتنظيف المناطق المصابة ..للخ، ومن هنا التأكيد على أن مشاركة المرأة والرجل معاً يؤمن البيئة النظيفة السليمة والحياة السعيدة الخلية من السموم والملوثات، ومن هنا تدخل البيئة في الاقتصاد حيث توفر المراجعة الطبية وتقلل فاتورة شراء الدواء وربما أنه دواء غير متوفر فيلجأ لاستيراده بالعملة الصعبة.

فالمرأة تشارك بالعمل البيئي ابتداءً من المنزل بتربية الأبناء، وفي المدارس بتنشئة التلاميذ، وفي بالجامعات بالمتابعة وتدريب الطلاب وتأهيلهم، وفي المجتمع المحيط تقويم السلوك البيئي وفق اتباع نهج مكارم الأخلاق، إضافة لابتكارها ولبداعهافي الأبحاث العلمية في المراكز البحثية ومؤسسات التعليم العالي، وبأفكارها النيّرةمن خلال جلسات الحوار بخصوص التشريعات والقوانين البيئية، وبمشاركتها الفاعلة في الاتفاقيات الدولية بخصوص البيئة، فلم لا يهتم بهذا الكنز (المرأة) الذي يساعد في أمور البيئة وغيرها، ويكون لها دور كبير بالوصول لمجتمع سليم بيئياً. فالمرأة جزء مهم من المجتمع وهي الأم والبنت والأخت والزوجة فالتمنيات ألا تهمل المرأة في المملكة ودول الخليج بل لا بد من السعي للاستفادة منها وتحريرها من الانغلاق على نفسها وتهميشها، فالله سبحانه وتعالى منحها العقل (العقل الواعي المفكر، والعقل للباطنمن خلال

المشاعر) فمن خلال مشاركتها تطور ذاتها وترفع من مستوى وعيها وبهـذا يسـتفيد المجتمع منها بشكل كبير.

تخصص الهندسة البيئية للبنات

الهندسة البيئية أو الهندسة الصحية أو هندسة الصحة العمومية Environmental or Sanitary or Public Health Engineering هي تطبيق لمبادئ العلوم والهندسة لتحسين البيئة والمحيط الأفضل (من هواء وماء وموارد أرضية) لتوفير المياه الصحية والهواء النقي الجيد والأراضي الصالحة لمعاش الإنسان واستخدام غيره من الكائنـات الحية الأخرى، ولمعالجة المواقع الملوثة ومياه الصرف الصحي والصناعي وما ماثلهما، وتلافي مخاطر الفيضانات والسيول، وإعادة التدوير، والتخلص مـن النفليـة، وإدارة النفاية الخطرة والمشعة، والتفكر في حلول قضايا الصـحة العلمـة والسـلوك للـبيئي والمخاطر البيئية، وتجنب تلوث الضوضاء والضجيج، وتفـادي التلـوث الإلكـتروني والافتراضي، واستنباط القانون البيئي المستدام ووضع النظم المتعلقة بالهندسة البيئيـة، والتنبؤ المبكر بالكوارث البيئية وتفاديها.

من خلال الهندسة البيئية يحد من التأثير السلبي الناتج عن التلـوث للـبيئي للمشاريع التنموية المقترحة في مجال التشييد والصناعة والبنى التحتية والقضايا البيئية الملحة مثل آثار الأمطار الحمضية، ولسـتنفاد طبقـة الأوزون والاحتبـاس الحـراري (الدفيئـة) والملوثات الصناعية. ويتحكم بالتلوث من خلال برامج نشر التوعية، وترسيخ معينـات الاصلاح، وتعظيم الاستفادة من الموارد، ووضع النظم والقوانين التي تحد من التلـوث البيئي، والحفاظ على المصادر والثروات الطبيعية دون تلويثهـا واسـاءة اسـتخدامها، ووضع السياسات الراشدة وتطبيقها، والتركيز على منظومات اعادة الاستخدام والتدوير وتصفير انتاج النفاية والفضلات.

يساعد مقترح قيام قسم للهندسة البيئية للبنات بكلية الهندسة بجامعة الدمام فـي تغطيـة الاحتياج المهني، والمساهمة الفاعلة في البناء الحضاري للأمة، والبدء في ادخال مفهوم الحاضنات التكنولوجية والعلمية وحاضنات الأعمال بالمملكة (انظر شكل 1).

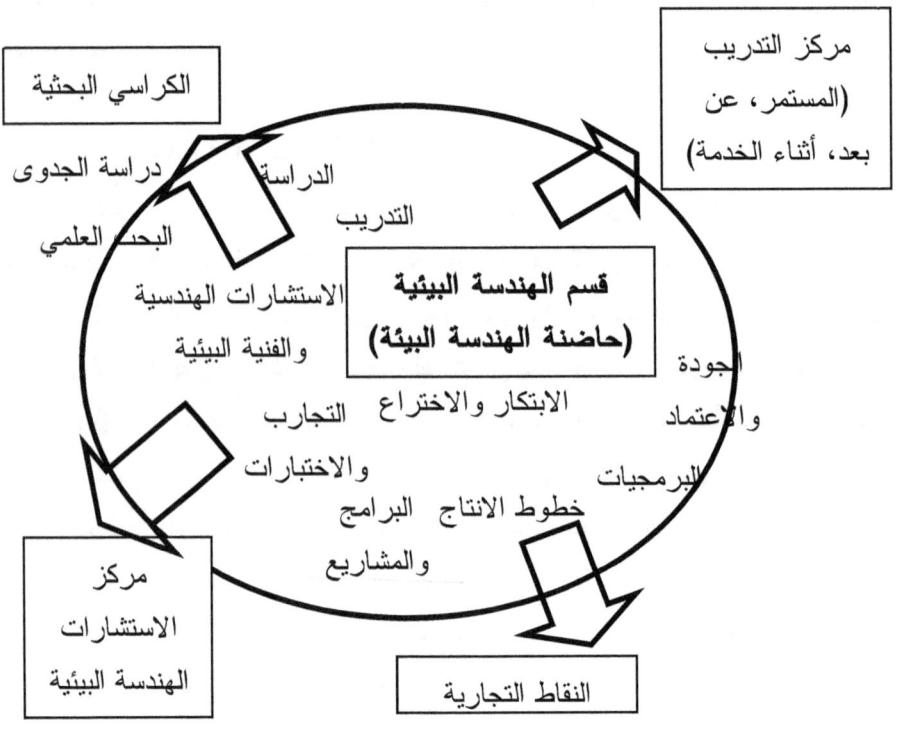

شكل (1) حاضنة الهندسة البيئية بجامعة الدمام

من هذا المنطلق وبناء عليه فتضم رسالة القسم ورؤيته وأهدافه التالي:

رسالة قسم الهندسة البيئية للبنات

رسالة قسم الهندسة البيئيّة للطالبات هي تخريج مهندسات مزودات بالمعارف العلميــة والهندسية والمهارات الذهنية والمهنية التي تؤهلهن للابتكار والمنافسة علــى المســتوى المحلي والإقليمي والعالمي، وتقديم بحث علمي على المستوى العالمي مرتبط باحتياجات المجتمع ومحافظ على مجهودات التنمية الاقتصاديّة المستمرة، وتقديم خدمات مجتمعيــة متميزة من خلال التطوير المستمر للبرامج التعليمية وأدوات البحث العلمي، ومن خلال إدماج منظومة الجودة الشاملة والتحسين المستمر في نسيج العملية التعليمية والبحثيــة، للمساهمة في الارتقاء بالمهنة والتعليم الهندسي البيئي للبنات في إطار القيــم الإنســانية والأخلاقيات البيئية الرفيعة والمسئوليات الاجتماعية الموجهة إلى المستفيدين.

رؤية قسم الهندسة البيئية للبنات

رؤية قسم الهندسة البيئية للبنات أن يكون صرحا أكاديمياً ذي شأن، تتخرّج منه المهندسة البيئية التنافسية التي يمكنها العمل مصممة ومنفذة ومديرة وقائدة ومقيمة في كافة القطاعات الخاصة منها والعامة عبر تطبيقها للمفاهيم الهندسية البيئية وتطويرها للتقانات الجديدة والمستدامة لمنع التلوث وصده، وتعظيمها استخدام الموارد، ومساهمتها في التخطيط الاستراتيجي الملهم.

أهداف قسم الهندسة البيئية للبنات

- ✓ العمل على التطوير والتحسين المستمر لجودة العملية التعليمية والبحثية بالقسم في ضوء المعايير المحلية والإقليمية والعالمية (انظر شكل 2).

مساقات الهندسة البيئية للبنات

البحث العلمي	التدريب	الهندسة البيئية	أساسيات الهندسة	العلوم الأساسية	العلوم الانسانية
البحث العلمي (مشروع التخرج، مشاريع، برامج، برمجيات، دراسة حالة، دراسة جدوى، تحليل، نمذجة)	التدريب (حقلي، مخبري، موقعي، ميداني، افتراضي)	الهندسة البيئية (تنقية، معالجة (ماء-هواء-تربة)، نفاية، نظم معلومات، أمن وسلامة، هيدرولوجي، هيدروليك، تصميم، انشاءات، صحة وتوعية بيئية، عقود، إدارة بيئية، تقويم الأثر البيئي، الإصحاح البيئي والتخلص من الفضلات، حماية البيئة، هندسة السيطرة على التلوث، تلوث البيئة البحرية، الطاقات المتجددة، تنفيذ و استثمار و صيانة، معالجة النفايات الخطرة ، القوانين والتشريعات البيئية، علم السموم البيئي، معالجة المياه الصناعية)	أساسيات الهندسة (رسم و تمثيل هندسي، مواد، موائع، مساحة، اخلاقيات المهنة، ديناميكا حرارية، تربة، موارد طبيعية)	العلوم الأساسية (فيزياء، كيمياء، رياضيات واحصاء، بيولوجي، حاسوب)	العلوم الانسانية (لغات، دين، مكتبة، تواصل، إعلام، اقتصاد، اجتماع، بحث علمي)

شكل (2) مشط الهندسة البيئية

- ✓ تقديم خدمة تعليمية متميزة بعد دراسة احتياجـــات الســوق المحلــي والإقليمــي والعالمي من خريجات القسم.
- ✓ تطوير الأبحاث العلمية لخدمة الجهات المستفيدة والعمل علي نقـل التكنولوجيـا العالمية وتطبيقها محلياً.
- ✓ زيادة الموارد المالية واللوجستية من خلال تقديم خـدمات استشـارية وتدريبيـة وتعليمية للجهات المستفيدة.
- ✓ رفع كفاءة أعضاء الهيئة التدريسية والجهاز الإداري.
- ✓ تقديم الخدمات لرفع كفاءة الخريجات بالتواصل معهن والتدريب المستمر لهن.
- ✓ خدمة البيئة المحيطة بالمنطقة من خلال التعاون مع المجتمع المدني ومنظماته.
- ✓ إنشاء برامج أكاديمية جديدة ذات أنماط تعليمية مستحدثة ومتطورة للدبلوم الوسيط والبكالريوس والدبلوم العالي والماجستير والدكتوراة والاجازات السبتية وحقـائب التدريب المتخصص.

الغايات والأهداف التطويرية لقسم الهندسة البيئية للبنات

من أميز الغايات والأهداف التطويرية لقسم الهندسة البيئية للبنات التالي:

- ⟡ تطوير القدرة المؤسسية بما يحقق التطوير المسـتمر فـي الأداء المؤسسـي والتأهيل للاعتماد.
- ⟡ تطوير الجهاز الإداري بالقسم وتعزيز أوجه التميز العلمي للبنات بالقسم.
- ⟡ تنمية الموارد المالية والمادية والبشرية.
- ⟡ الارتقاء بالمشاركة المجتمعية وتنمية البيئة.
- ⟡ الارتقاء بالفاعلية التعليمية بما يدعم التقييم المستمر على مستوى البكالوريوس والدراسات العليا للتأهيل للاعتماد.
- ⟡ بناء وتوطيد علاقات التعاون مع كافة الجهات الدولية العاملة فـي المجـالات الهندسية وخاصة البيئية.

- تسويق خدمات القسم الاستشارية والبحثية حيث أن وظيفة المستشارة البيئيـــة تظل واحدة من أفضل الوظائف التي تشـــغلها خريجـــات هـــذا التخصـــص، ويحصلون من خلالها على مرتبات ممتازة ورتب سنية.
- التعزيز والارتقاء بالتميز والتفرد في البرامج المتميزة بالهندسة البيئيـــة علـــى مستوى كليات الهندسة.
- نشر الوعي البيئي فيما يتعلق بثقافة الجودة بين أعضاء هيئة التدريس والهيئـــة المعاونة والطلاب والإداريين.
- التوسع في استخدام التعليم الإلكتروني والتعليم عن بعـــد والتجســـير العلمـــي وتوفير الموارد والبنية اللازمة لتحقيق ذلك.
- الاهتمام بالتدريب المستمر والتدريب أثناء الخدمة وغيره من أنواع التـــدريب المبتكرة والمستمرة للقيادات وأعضاء هيئة التدريس والمعاونين والعاملين لرفع كفاءة وفعالية التعليم وتحقيق التميز فـــي الأداء الجـــامعي والبحـــثي وخدمـــة المجتمع والبيئة والارتقاء بالبحث العلمي البيئي.
- الاهتمام بقضايا البيئة والمجتمع والعمل على المساهمة الفعللـــةفـــي التنميـــة المجتمعية عن طريق تقديم الأبحاث والدراسات العلمية التطبيقية التي تعالـــج قضايا المجتمع التنموية والتطويرية والتسويقية وعن طريق إســـهام المرلكـــز والوحدات ذات الطابع الخاص بتخصص هندسة البيئة، وإنشاء مجلة محكمـــة للهندسة البيئية والتنمية المستدامة، والمساهمة في النشر العلمي المثقف.
- استخدام الطرق الهندسية والرياضية والعلمية لتصميم أنظمة تساعد على حـــل مشاكل البيئة، والتخفيف من أضرار التلوث، والرصد الدائم والتحكم المســـتمر في مراكز ومحطات تلوث الهواء والتربة والماء، إلى جانب الطرق العمليـــة لحماية الصحة والأمان في المنشآت.

إن حاجة الأمة للمهندسة البيئية تنمو وتزداد وفقا لمعدلات زيـــادة التنميـــة والتصـــنيع والتطور التقاني والتصنيع ومن ثم ينبغي التفكر في كيفية اجتذاب النساء إلى هذا المسار

الوظيفي الذكوري تقليدياً. والعمل على تعظيم الكفاءة الذاتية للمهندسة لتحصل على النتائج الإيجابية المرجوة للدراسة والمتابعة في هذه الوظائف والمجالات غير التقليدية. وفي هذا المنحى لابد من تطوير المناهج الدراسية الهندسية لزيادة الكفاءة الذلتية واستمرارية الطالبات في هذا التخصص {4}. وبهذا من المؤمل أن تكون كلية الهندسة بجامعة الدمام كلية رائدة في المملكة ودول الخليج بالمساهمة في إعداد خريجات من المهندسات في مجال البيئة بمستوى ممتاز في مجال الحفاظ على بيئة سليمة وخالية من التلوث ومسبباته.

أخلاقيات الهندسة البيئية

تركز أخلاقيات الهندسة عادة على أخلاقيات المهندس المهني وهو يعمل منفرداً أو بين أفراد الطاقم والفريق وشبكة العمل التابع لها والمنضوي تحت لوائها مما يعقد من العلاقات المتبادلة بين العديد من الأشخاص والمنظمات والجماعات، بغرض لنتاج المهندس الأنموذج المثالي والقوي بما فيه الكفاية للتعامل مع كل التحديات الأخلاقية التي يمكن أن تنشأ في واقع تسوده متغيرات تكنولوجية ومعرفية متجاذبة ومتقاطعة، وتتنوع فيه المخاطر ومعايير السلامة والوفاق والمشاركةفي الاحتيلجات والمصالح والمسؤوليات والالتزامات المتبادلة لجميع الأطراف {5}.

بادخال أخلاقيات الهندسة البيئية في البرامج التعليمية والمناهج الدراسية بالقسم والصناعة من خلال التدريب أثناء الخدمة والتدريب المستمر يعظم استعادة المواد القيمة والتخلص من المواد الضارة في خط الانتاج ومسار الأوساخ والملوثات والنفاية. وينبغي على المهندسة البيئية إعمال النظر في تحليل التكاليف والمنافع الاقتصادية عند تصميم أي منتج لسهولة استعادة المواد وإعادة التدوير مقابل التكلفة الحقيقية للتخلص النهائي والتصريف، والاستمرار في استخدام المواد الخام الأصلية {6}.

الآفاق الرحبة لمستقبل مهنة الهندسة البيئية وفنونها

ما يمكن أن تقدمه المهندسة البيئية خريجة القسم المقترح قيامه بالجامعة يتمحور حول التالي:

- النمذجة وتصميم المشاريع البيئية.

- البحث والتطوير.
- الاستشارات.
- التنظيم والإدارة.
- التخطيط.
- المقاولات.
- تنفيذ المشاريع.
- بناء القدرات والتنمية البشرية.
- رفع الوعي المجتمعي.
- تقييم الأثر البيئي.
- الرصد البيئي ومراقبة الجودة.

المهندسة البيئية الاعلامية والدبلوماسية والسياسية والقائدة

تتعالى الدعوات الأممية وتتنادى منظمات المجتمع المدني وتأمل المنظمات المستندة على المجتمع لمشاركة المرأة في صنع القرار البيئي على جميع المستويات بناء على أساس من حقوق الإنسان والعدالة والديمقراطية، وبسبب تجاربهن المميزة من للولادة، ورعايتهن لأفراد الأسرة خاصة الضعفاء، وعملهن بدون أجر أو بأقل من القيمة الفعلية، وإنتاجهن للغذاء حتى في حالة الكفاف، ومعانتهن غير المبررة من تلوث الهواء في الأماكن المغلقة (في البلدان التي تستخدم الوقود الحيوي لأغراض الطهي والتدفئة والتدخين) {7}.

تهتم الهندسة البيئية بالقيم للمصلحة الذاتية والغيرية والتقليدية، والانفتاح على التغيير في منظومة القيم وعلاقتها بحماية البيئة خاصة عند استيفاء الاحتياجات المادية الأسلسية للأفراد والمجتمعات، وتعنى الهندسة البيئية بأسباب تغير القيم والآثار الشاملة على التغيرات في السلوك وأساليب تحسين نشر القيم فيما يفيد اتخاذ القرارات الجماعية {8، 9}. من ثم فتخريج مهندسة تحمل ذخيرة مميزة من العلوم الهندسية والبيئية والانسانية والاجتماعية يؤهلها لتؤدي دورا رائدا في الدعوة والارشاد والتمية العمرانية والانفتاح الاعلامي والتقدم الدبلوماسي والريادة السياسية وفنون القيادة الرشيدة.

المسار الوظيفي للمهندسة البيئية

يتيح التخصص للخريجة المسار الوظيفي المتميز والرائد في سوق العمل الصناعي والبحثي والاستشاري المتضمن التالي:

- المجال الصناعى بغرض وضع المناهج ومتابعة الآليات الضامنة للحفاظ على بيئة المنشأة الصناعية.
- المؤسسات البيئية لتقليل آثار التلوث وصده والحد منه.
- شركات المنتجات والخدمات البيئية التي تبتكر الوحدات والأجهزة المفيد فــي المجالات البيئية.
- منظومات ومجالات التعدين والنفط والأمن الصناعي والاستشــارات البيئيــة والمؤسسات الكيميائية والصناعية.
- المؤسسات البحثية والتكنولوجية والانتاجية فى كلفة المجــالات الاجتماعيــة والانسانية.
- المبيعات والتسويق والتجارة البيئة والنقاط التجارية والأسواق الافتراضية.
- الأعمال الإدارية والإدارة البيئية.
- الاستشارات البيئية.
- هيئات ضبط الجودة البيئية (للمياه والهواء والتربة).
- منظومات موارد الطاقة ودعمها.
- شركات إدارة النفاية وإعادة التدوير، والحفاظ على الطبيعة.
- منظمات تخطيط التضاريس ونظم المعلومات الجغرافية والمواقع الجغرافية.
- التعليم والتدريس للهندسة البيئية والتعليم البيئي.
- الدراسات العليا للحصول على الدبلوم العالي والماجسـتير وللـدكتوراة فــي الهندسة والعلوم البيئية.
- التدريب المهني والفني وتدريب المدربين والمهندسين البيئيين والعاملين فــي المنظومات البيئية للتنقية والنظافة والمعالجة والتـدوير واعــادة الاسـتخدام وغيرها.

سوق العمل المبشر بالمملكة والخليج والعالم من حولنا

سوق العمل المبشر بالمملكة والخليج يضم مجموعة ضخمة من الشركات والمنظمـــات والكيانات والادارات والوحدات العاملة في مجال الهندسة البيئية أو التي تحتاج لهـذا الفرع من المهن والعلوم لترقية الأداء، وتعظيم الجودة، وتنمية الابتكـــار، واستنباط الحلول، والتفرد بالإنتاج، وترويج السلع، والمتابعة والرصد وغيرها ومنها:

- الصناعات الخفيفة والثقيلة، والصناعات البترولية والمشـــتقات النفطيـــة مثـــل أرامكو ARAMCO وسابك SABIC وسافكو SAFCO وغيرها.
- وحدات التحلية والبحوث مثل: المؤسسة العامة لتحلية المياه المالحة SWCC، والرئاسة العامة للأرصاد والبيئة،
- الديوان الملكي؛ والامارة، وأمانة المنطقة الشرقية،
- الوزارات الحكومية (مثل: الصناعة، والمياه والكهرباء؛ والزراعة، والصحة، والبلديات والشؤون الريفية؛ والبترول والثروة المعدنية؛ والأشـــغال العلمـــة والإسكان).
- كيانات الأشغال العامة والبناء والإدارة ووحدات معالجة المياه، واستصـــلاح وإعادة استخدام المياه العادمة، ومراقبة تلوث الهواء وإدارة النفليـــة الصـــلبة، ومعالجة التربة، والسيطرة على التلوث الضوضائي، وهندسة الصحة العامة.
- استحداث المكتب الاستشاري البيئي الخاص بالمهندســة للتصـــميم والتنفيـــذ والمقاولات والبحث والتطوير والاستشارات ودراسة الجدوى ..الخ.

وفقا لمسح الرواتب الصادرة عن الجمعية الأمريكية لجمعيات الهندسة (AAES) فقـد شكلت النساء ما يقرب من واحد من بين كل خمسة من الدرجات الممنوحة للبكالوريوس والماجستير في الهندسة ويزيد هذا الرقم بالنسبة للمهندسين البيئيين {10، 11}.

المنظمات المحلية والاقليمية والعالمية العاملة في الهندسة البيئية

هناك عدد رائد من المنظمات والوكالات الوطنية المحلية والاقليمية والدولية التي تقـــدم فرصا للمهندسين البيئيين حيث أصبحت كل دول العالم بلا استثناء معنية بالشئون البيئية على أراضيها بما في ذلك: برنامج الأمم المتحدة للبيئة (UNEP)، ومنظمة الصـــحة

العالمية (WHO)، والمجموعة الاستشارية للبحوث الزراعية الدولية (CGIAR) ، ومنظمة الأمم المتحدة للتربية والعلم والثقافة (اليونسكو UNESCO)؛ ومنظمة الأغذية والزراعة (FAO)، والمنظمة البحرية الدولية (IMO)، وبرنامج الأغذية العالمي (WFP)، والمنظمة العالمية للملكية الفكرية (WIPO)، ومنظمة الأمم المتحدة للتنمية الصناعية (UNIDO)، والمنظمة العالمية للأرصاد الجوية(WMO)، ومنظمة السياحة العالمية(UNWTO) ، ومنظمة الأمم المتحدة للطفولة(UNICEF) ؛ والبنك الدولي(WB) ، وصندوق النقد الدولي (IMF)؛ والبنك الإسلامي للتنمية؛ والمشاركة العالمية للمياه GWP))، والمجلس العالمي للمياه (WWC)، وبنك التنمية الأفريقي (ADB)، ومجلس الوزراء الأفريقي للمياه (AMCOW)، وبنك التنمية الآسيوي (ADB)، والمشاركة الآسيوية الباسفيك للمياه (APWF)، وتحالف الجندرة والمياه GWA))، ونظم برنامج الأمم المتحدة للمستوطنات البشرية (UNHABITAT)، والوكالة الأميركية للتنمية الدولية (USAID)، وإمدادات المياه والصرف الصحي المجلس التعاوني (WSSCC)، والمنظمة العالمية للمراحيض (WTO) وغيرها الكثير.

الخلاصة

الخلاصة المستقاة من هذه الورقة تتجلى في النقاط الجوهرية التالية:

1) أهمية قيام قسم للهندسة البيئة للبنات بكلية الهندسة بجامعة للدمام ليؤسس الانطلاقة الأولى للحاضنات التكنولوجية والعلمية وحاضنات الأعمال بالمملكة.

2) تبعية المراكز الأساسية والنقطة التجارية الاكاديمية للقسم حال انشائه.

3) مشاركة كافة الجهات ذات الصلة والمستفيدة والمشاركة في التعليم والتشغيل والتنمية في قيام المنظومة التعليمية الهندسية للطالبات بما فيها: الجهات الدينية والتشريعية والعدلية والتدريبية والادارية والخدمية والتشغيلية بالدولة وهيئة المهندسين ورجال الأعمال وسيدات الأعمال.

المراجع والمصادر

1) Accreditation Board for Engineering and Technology (ABET), http://www.abet.org.

2) Anita, T., A Study on Role of Women in Controlling Environmental Pollution at Household Level, International Journal of Computer Applications in Engineering Sciences, suppl. Special Issue on Basic, Applied and Social Sciences 2, 2012, pp. 289-292.

3) Lynnette, Z. and Megan, B., A CALL FOR WOMEN TO LEAD A DIFFERENT ENVIRONMENTAL MOVEMENT, Organization & Environment, 19.1, 2006, pp. 103-109.

4) Marra, R., M; Rodgers, K. A; Shen, D. and Bogue, B., Women Engineering Students and Self-Efficacy: A Multi-Year, Multi-Institution Study of Women Engineering Student Self- Efficacy, Journal of Engineering Education, 98.1, 2009, pp. 27-38.

5) Josep, M. B., and Montse, S., Engineering Ethics Beyond Engineers' Ethics, Sci Eng Ethics, 2013, 19, pp. 179–187.

6) Rowden, K.; and Striebig, B., Incorporating environmental ethics into the undergraduate engineering curriculum, Science and Engineering Ethics, 10.2, 2004, pp. 417-22.

7) Buckingham, S., Call in the women, Nature, 468.7323, 2010, pp. 502.

8) Charlier, R. H., Environmental Careers, Environmental Employment and Environmental Training, Journal of Coastal Research, 21.3, 2005, pp. 627.

9) Dietz, T., Fitzgerald, A., Shwom, R., ENVIRONMENTAL VALUES, Annual Review of Environment and Resources, 30, 2005, pp. 335-372.

10) American Association of Engineering Societies, AAES, http://www.aaes.org

11) ProQuest, Report: Increase in women receiving engineering, chemical engineering degrees, Chemical Engineering Progress, suppl. AIChExtra, Mar 1998, pp. 1.

12) Keyser, T., WOMEN ENGINEERS, Energy Processing Canada, 41.2, 2008, pp. 40-41.

13) Gore, S., Engineering-A-Future for tomorrow's young women, Science Scope; Nov 2006; 30, 3, ProQuest Central, pp. 46.

ملحق (1) بعض كليات الهندسة بالمملكة العربية السعودية

الجامعة	الأقسام الهندسية	النوع	الرابط الإلكتروني
أم القرى	العمارة الاسلامية، الكهربائية، المدنية، الميكانيكية	طلاب	http://uqu.edu.sa/engineering-architecture
الامام محمد بن سعود الاسلامية	المدنية، الميكانيكية، الكهربائية، المعمارية، الكيميائية	طلاب	http://www.imamu.edu.sa/
الملك سعود	الكهربائية، الكيميائية الميكانيكية، الصناعية، النفط والغاز الطبيعي، الاتصالات والالكترونات، المدنية	طلاب	http://engineering.ksu.edu.sa/
الملك عبدالعزيز	الكيميائية وهندسة المواد، المدنية، الكهربائية والحاسبات، الصناعية، التعدين، النووية، الميكانيكية	طلاب وطالبات	http://engineering.kau.edu.sa/
الفيصل	الميكانيكية، الصناعية، الكهربائية، البرمجيات، المعمارية	طلاب	http://www.kfu.edu.sa/ar/Colleges/AhsaEngineering
الملك فهد للبترول والمعادن	الحاسوب، المعلومات، النظم الهندسية، الكيميائية، المدنية، الكهربائية، الميكانيكية، البترول، الطيران	طلاب	http://www.kfupm.edu.sa/ces
الملك فيصل	الطبية الحيوية، الكيميائية، المدنية، الكهربائية، الميكانيكية،	طلاب	http://www.kfu.edu.sa/ar/AhsaEngineering
الملك خالد	الصناعية، الميكانيكية،	طلاب	www.kku.edu.sa/male

	الكهربائية، المدنية، الكيميائية		_engineering
القصيم	الكهربائيـــة، المدنيـــة، الميكانيكية	طلاب	www.qec.qu.edu.sa/
طيبة	الكهربائيـــة، المدنيـــة، الميكانيكية، المعماريـــة، الكيميائية، الصناعية	طلاب	
طيبة (ينبع)	الكهربائية، الميكانيكيـــة، الحاسب، نظم المعلومات	طلاب	www.taibahu.edu.sa
الطائف	المدنيـــة، الميكانيكيـــة ، الكهربائية	طلاب	web.tu.edu.sa/tu/ar/college-of-engineering
حائل	الكهربائية، الكيميائيـــة، الميكانيكية، المدنية	طلاب	www.uoh.edu.sa
جازان	الميكانيكية، الصـــناعية، الكهربائيـــة، المدنيـــة، العمارة، الكيميائية	طلاب	www.colleges.jazanu.edu.sa/
الجوف	الميكانيكية، الكهربائيـــة، المدنية	طلاب	www.ju.edu.sa/colleges/eng
الباحة	الكهربائية، الميكانيكيـــة، المدنية، الحاسب الآلـــي، المعمار	طلاب	http://portal.bu.edu.sa/web/faculty-of-engineering
تبوك	الكهربائية، المدنية،	طلاب	www.ut.edu.sa/
نجران	الكهربائيـــة، المدنيـــة، الميكانيكية، الصـــناعية، المعمارية، الكيميائية	طلاب	portal.nu.edu.sa/web/engineering-college
الحدود الشمالية	الكهربائيـــة، المدنيـــة، الميكانيكيـــة، الكيميائيـــة والمواد، الصناعية	طلاب	http://www.nbu.edu.sa/Colleges/Arar/Pages/CollegeOfEngineering
الدمام	التشييد، البيئية، الطبية الحيوية (طالبات)	طلاب وطالبات	www.engineering@ud.edu.s

الأمير سلطان	الإدارة الهندسية، الاتصالات والشبكات	طلاب	http://www.psu.edu.sa/colleges/Engineering
الأمير محمد بن فهد	الكهربائية، الميكانيكية، المدنية، التصميم الداخلي	طلاب	www.pmu.edu.sa
عفت الأهلية	الكهربائية، الحاسبات، الحاسب الآلي، نظم المعلومات، العمارة	طالبات	effatuniversity.edu.sa/Arabic/Academic/College-of-Engineering
دار العلوم	الهندسة المعمارية، تصميم داخلي، تصميم الرسومات، تقنية المعلومات، معمار، علوم الحاسوب، هندسة البرمجة،	طلاب	http://dau.edu.sa/ar/colleges-ar/cadd-ar/cadd-undergraduate
كلية الباحة الأهلية	هندسة الحاسب، نظم المعلومات الإدارية، التصميم للداخلي، المحاسبة	طلاب وطالبات	http://bpcs.edu.sa/
كلية القصيم الأهلية	الحاسب	طلاب	www.qc.edu.sa/NewWeb/index.php/colleges/computer-eng
الأمير فهد بن سلطان الأهلية	الكهربائية، الميكانيكية، المدنية، الحاسب الآلي، الحاسب	طلاب	www.fbsu.edu.sa

11- خطوة خطوة على طريق القيادة الرشيدة: Stepping strides towards good governance

أ.د.م.م. عصام محمد عبد الماجد أحمد

حظي الكاتب بفرصة ذهبية لرئاسة وقيادة مجموعة من المفاصل التعليميــة والبحثيــة. دوما هنالك اعادة صياغة للرؤية والرسالة ثم الاهداف عبر منظومة فيفر وغيرها مــن الوسائل المتاحة ضمن عمل الفريق وموجهات الاستمطار والعصف الذهني. التخطيــط الاستراتيجي للوحدة العلمية والبحثية يصل للتخطيط التشغيلي للممارسة اليومية وأطــر التقويم والمتابعة المستمرة الدؤوبة للتطوير ونشدانا للكمال الاداري والتطلع القيادي.

من ثم تجلت لكل وحدة عمل ومنظومة ادارية نظرة للبحث العلمي التطــبيقي المســتدام والمبني على البرهان. وتشكلت لكل وحدة طريقة فريـدة لإدارة الافـراد والمعينــات اللوجستية والمالية والعينية والاجتماعية والثقافية وغيرهــا مــن متغيــرات المجتمــع، وتبلورت لكل وحدة مفاهيم نافذة لبناء البنى التحتية وتشغيلها، واتضحت لكل وحدة فرائد للإعلام والتسويق والتجارة التقليدية والالكترونية، وتعاونت لكل وحدة مشارب للتدريب وبناء القدرات والتنمية البشرية، وساهمت كل وحدة نحو التنمية المجتمعية ورفع الوعي الاجتماعي والمشاركة الجماهيرية، وقامت كل وحدة بتطــبيق مــتزن لمفـاهيم العــدل الاداري وديمقراطية العمل وحقوق العامل الشريك والمشارك والحكم الرشيد، وتفاعلت كل وحدة للإبداع والابتكار والاستحداث والتجديد.

للمواصلة في ما أنجز، أو إكمال بعض الجوانب الناقصة، وللتأمل نحو الحراك المجتمعي، وللتحفيز الذاتي، ومن أجل شحذ الهمم، ومن باب الشكر رأينا وضع السرد المذكور طيه لما فيه الخدمة الكلية والرفعة العامة والعلو الشأن الفردي الذي هو الديدن والمرتجى وتحقيقاً لرغبة الإدارة التي قامت بالتعيين وأملاً في الحصول على الأجر عند الله تبارك وتعالى وخدمة للأمة والوطن.

تمحورت مفاهيم العمل ونظم الادارة واستشراف آفاق القيادة المتطلعة حول نقاط جوهرية من أبرزها: الوقوف على المسيرة المنصرمة وفهم الحاضر المعاش وتلمس الرؤى المستقبلة وتقمص النظير الناجح وبناء القدرات والتعلم للذاتي وتملك مهارة القيادة وفنون الادارة على النحو التالي:

1) قراءة تاريخ وماضي المنظومة والمؤسسة والتفكر طويلا في الارشيف.

2) لقاء القيادات المفصلية السابقة عبر كا أركان المؤوسسة والاطلاع على الانجازات والاخفاقات والرؤى وما يننبغي فعله لتجاوز العقبات وتقويم المسار وانطلاق المسية ومباركتها.

3) التكهن برؤى القيادات الراحلة وأفكارها وأحلامها عبر الارشيف وكتلباتهم واوراقهم العلمية ومنشوراتهم واصداراتهم واحاديثهم بلغاتههم الام.

4) قراءة الواقع الحاضر للمؤسسة وتلمس مكامن القوة ونقاط الضعف والفرص الماحة والمخاطر المتوقعة.

5) تقويم العمل المنجزبشتى الطرق العلمية في قراءة مفتوحة مع صناع القرار والعاملين والموظفين بالمؤسسة.

6) حل القضايا العالقة والتراكمات المريرة لبدء صفحة جديدة من عمل الفريق ومجموعة العمل.

7) تغيير نمط تنفيذ الاهداف لتواكب الاستفادة من الاطر الفاعلة داخل المؤسسة وخارجها.

8) استقطاب الشراكات الناجحة والدمج الاتحادي للقوة والتازر والقيمة المضافة.

9) وضع الخطط التشغيلية وفق منظومة الدولة والتخطيط الاستراتيجي المجاز ورؤى الكيانات الممولة والداعمة والمسيرة للحياة الادارية.

ولنقف على مشارف وحدات مختارة منها على سبيل المثال:

أولا: مركز البحوث والاستشارات الصناعية

بدأت رحلة الاستشارات الصناعية بالنظر في الارشيف الدسم للمركز عبر مجموعات الكتب والمذكرات والوقائع والمستندات الرسمية والمجلات من تلك المحفوظة بعناية في المكتبة الزاخرة الممتدة للمركز وأرفف رؤساء الوحدات وللنواب، ومن تلك الاخرى في المكتب المهجور خرج المركز بتناثر أشلاء محتوياته، أو باستلالها من صدور العاملين والموظفين ن كبار السن، أو من المؤسسات أو من الدفاتر والمكتبات الخاصة لفئة أخرى هاجرت قسرا او طوعا من المركز عبر حقب مختلفة. لتت الصعوبات تترى عند محاولة استقطاب صناع القرار من قدماء العلمليين ورؤساء الوحدات به ربما لاسباب شخصية او بضع مرارة مازالت تتذوق، أو لتغير في المواقف والآراء غير أن جلهم بنهاية الجولات المكوكية والزيارات الخاصة المتكررة حيثما كانوا وحلوا فكت عقد الالسن. من ثم بأت رحلة جديدة من العطاء غير المحدودة التعاون غير المنظور فكانت رحلة ممتعة في محاولة نقل الصناعة السودانية من طور المحاكاة والاعتماد اللمطلق على الغير لمراحل الابتكار والختراع والاكتشاف وتوطين التقانة ونقلها في منظومة الاستدامة والتطور المجتمعي. من ثم بدأت حقبة التطوير الذاتي للمعامل والمخابر والوورش وفق خطط استراتيجية وثيقة الصلة بوزارة الصناعة والقطاع الخخاص واتحاد الحرفيين واتحاد اصحاب العمل وسيدات الاعمال والصناعات الصغيرة وتفعيل العقول المبتكرة للصناعة الادوية وتقانات العطور والمستحضرات التجميلية والاغذية وغيرها. ثم قيام سوق نقل التقانة داخل المركز لعرضها وبيعها وتسويقها وتطويرها والاعلان والاعلام عنها وتطور الحال بقيام منظومة النقطة التجارية الصناعية فرع النقطة التجارية السودانية. وانتشرت المعرفة خلال مدارس الحرفيين ومدارس النزلاء المستحدثة من قبل المركز لتقوم الاولى بخدمة جمهور أصحاب الحرف والمهن والصناع بالمناطق

الصناعية والمدارس المهنية ووزارة العمل والمنظمات الطوعية وغير الحكومية والمنظمات المستندة على المجتمع ونشطت مدارس النزلاء في السجون والاصلاحيات ومراكز التاهيل والجانحين والفئات المهمشة ودور الرعاية والايتام وغيرها من الدور ذات الصلة.

الرسالة والاهداف والخدمات

o تمحورت **رسالة** المركز حول "تعظيم دور الصناعة في رفاهية المواطن السوداني"، وهدف المركز تمركز حول كونه "سلع صناعية عالية الجودة منضبطة التكاليف ومضمونة عند الاستعمال". حددت الإمكانات المتاحة بالمركز وخططه السنوية نشاطات المركز واختصاصاته، وتركزت على عدة محاور ضمت:-

- إجراء البحوث العلمية والتطبيقية (R&D) على المواد المحلية بهدف الاستفادة منها في الصناعة.
- تقديم الدراسات والاستشارات في شتى مجالات التنمية الصناعية.
- رفع الوعي الصناعي ونشر الوعي في مجال التنمية الصناعية (إصدارات المركز والمؤتمرات، والندوات وحلقات الدرس والنقاش الهادف).
- قيام الدورات التدريبية للعاملين في القطاع الصناعي والخريجين الجدد عبر خطة سنوية تغطى هذا المجال.
- إجراء التصاميم للصناعات الصغيرة بهدف تطويرها ونقل التقانة لتلائم الواقع والمعطيات المحلية.
- إجراء دراسات الجدوى الفنية والاقتصادية للقطاعين العام والخاص.
- تقديم الاستشارات الخدمية في مجالات التخطيط الصناعي والعمليات الهندسية وإدارة الإنتاج، والتكاليف، ونظم الإدارة والجودة، ورفع الطاقات وتطوير المنتجات.
- المشاركة في وضع الخطط القومية لتنمية القطاع الصناعي لمواكبة المنافسة في الأسواق العالمية.
- المساعدة في وضع المواصفات القياسية للمنتجات المحلية.

- تأسيس مركز قومي للمعلومات.

- حددت الخدمات التي يقدمها خبراء المركز في: بحوث تصنيع المواد الخام المتوفرة بالقطر (زراعية وحيوانية ونفطية ومعادن)، وبحوث تطوير الصناعة القائمة ومشتقاتها، ودراسات الجدوى الفنية والاقتصادية، والاستشارات الصناعية الفنية والاقتصادية، والتدريب في مجال الصناعة والجلود، والتحليل والاختبارات المعملية للمواد الخام والمنتجات الصناعية، وتقديم المعلومات المحلية والعالمية، والتقويم المالي والفني للمؤسسات والمصانع، ونقل التقانة وتوطينها، وورش ميكانيكية وأجهزة، ومكتبة علمية ومراجع.

البحث الصناعي

- أسست المشاريع البحثية ووضعت خططها وبرامجها ارتكازا على المنطلقات الآتية:-
  - أن تكون مشاريع البحوث تطبيقية.
  - أن تساهم في إبراز القيمة المضافة وزيادتها.
  - أن تركز على تطوير الخامات المحلية والاستغلال التجاري لها لتشارك في الثورة الصناعية والاقتصادية.
  - أن يكون هناك عائد اقتصادي ملموس.
  - الاعتماد على الإمكانات المتاحة ما أمكن ذلك.
  - ربط المشاريع باستراتيجية الدولة وخطط وزارتي العلوم والتقانة والصناعة وثيقتي الصلة بأعمال المركز ومخرجاته.

معالم ضبط العمل

- وضعت ضوابط المركز لكل من: مجلس المدير، ومجلس البحوث، والحواسيب، ووسائط الاتصال، والترحيل والسيارات، والحوافز الملية وتوزيع الإيرادات، وتسليف الكتب بالمكتبة، وصندوق الطوارئ؛ والنظام الأساسي لمجلة البحوث الصناعية.
- شكلت بالمركز لجان متخصصة ضمت: التعيينات والترقيات، والحولسيب، والندوات والمؤتمرات، والمعامل والوحدات التجريبية، والأمن والسلامة والبيئة، والمنشورات والإصدارات، والمشتروات، والترحيل، ومال الطوارئ،

والتعاون الخارجي، وتقرير الأداء، والاستشارات والدراسات الصناعية، والموارد المالية. كماحددت لجنة لكل من الاتفاقيات الموقعة مع كل من: جامعة السودان (لتفعيل اتفاقية التعاون العلمي والتدريب بين المركز والجامعة في مجالات التعامل العام والتدريب والنشاط ا لعلمي)، وجامعة الزعيم الأزهري (لتفعيل التعاون العلمي مع الجامعة لتضم مجالات التعاون البحث العلمي والدراسات العليا والتدريس المعملي والصناعي وتقديم الخدمات الاستشارية وأي مجالات أخرى)، واتفاقية المنح العلمية لما وراء البحار (لتفعيل التعاون المشترك بين المركز وجمعية المنح العلمية لما وراء البحار بالتركيز على إيجاد صلات طيبة وصديقة مع الدول الصناعية والبيئات العلمية ذات الصفة المشتركة لأهداف المركز والجمعية السودانية، ووضع برامج التدريب والتأهيل باليابان والدول الأخرى عبر الجمعية السودانية AOTS في المجالات التي تهم المركز والصناعة السودانية والقطاع الخاص، ووضع خطط لتنفيذ برامج التدريب والتأهيل المحلى والإقليمي والعالمي، وربط الجمعية والمركز بالجمعيات والجماعات المثيلة محلياً وخارجياً، وإيجاد آلية للاستفادة من منح الجمعية العلمية لما وراء البحار AOTS في مجالات التدريب وتبادل المعلومات، وتطوير صيغة تفاهم للعمل المشترك مع فرع جمعية AOTS السودانية لما فيه المصلحة الصناعية العامة، وتطوير التعاون العلمي للتنمية الصناعية، وطرق محاور التدريب والتأهيل وبناء للقدرات والتنمية البشرية ونقل التقانة والعلوم المفيدة للصناعة السودانية المستدامة مع المنظمات العالمية مثل اليونيدو و APEC NEPO JMF وغيرها)، وإعلان الخرطوم بحري (لتفعيل مشروع التعاون والتنسيق بين المركز واتحاد أصحاب العمل السوداني والذي هدف للتالي:

- تنمية القطاع الصناعي والتجاري والخدمي والسياحة.

- تفعيل التعاون والصلة بالتنسيق مع اتحاد أصحاب العمل والقطاع الخاص.

- مساعدة القطاع الصناعي لمواكبة العولمة والتجارة الدولية والتكتلات الإقليمية.

- المساعدة في نقل الاقتصاد السوداني للاقتصاد الحديث.

- النهوض بالدراسات والبحوث الاقتصادية العلمية والتطبيقية في كافة المجالات ودعم بحوث تطور الصناعة والتجارة.

- توفير المعلومات الاقتصادية والتجارية والإحصاءات لقطاع رجال الأعمال والباحثين والقطاع الخاص.

- إصدار الدوريات والنشرات والإصدارات لتعكس النشاط المشترك وما يستجد من معلومات عن القطاع الخاص.

- تنمية المكتبة العلمية المسموعة والمقروءة والمرئية .

- تطوير شبكة المعلوماتية ووسائل الاتصال بين المركز واتحاد أصحاب العمل.

- نشر التقانة الحديثة من خلال الكورسات الدورية ودورات العمل والمؤتمرات والندوات.

o شكلت هيئة تحرير مجلة الصناعة والتنمية، وهيئة تحرير مجلة البحوث الصناعية، ومجلة الصناعي الصغير .

o وضعت تفاصيل لاختيار "شخصية الأسبوع" للمركز إيماناً من المركز بالدور الرائد في تنمية المركز وتطويره، وترفيع أدائه، وتميزه؛ بناءً على العطاء الثر، والمشاركة القيمة، والتفاني في العمل، والاخلاص المستمر والمتصل. و"شخصية الشهر" للمركز رمزاً لبذل العطاء، وحسن الأداء، وكمال الوفاء، وتحقيق الرجاء، وتجويد العمارة والبناء. و"شخصية العام" للمركز دليلا للاختيار على علو المكانة، وسمو الأداء، وتفرد الانجاز، ونبل الاخلاص بعد منافسة ودية وحميمة يصبو إليها كافة العاملين بالمركز وتشرئب إليها الأعناق.

o وضعت ضوابط النجوم والأوسمة والأنوطة والأوشحة والقلائد للمركز لتشجيع البحث العلمي والتميز المهني والاستشاري والفني ولربط المركز بالمجتمع الصناعي المحلي والإقليمي والعالمي فحوت: نجمة الزبير بشير للعلوم والتقانة (لتشجيع التميز العلمي الاستشاري والإبداع المهني للباحثين والمخترعين والمكتشفين والمبدعين العلميين في مجالات البحوث والاستشارات)، ونجمة البحث العلمي التطبيقي (لتشجيع البحوث التطبيقية في مجال الصناعة وتوثيق وتنفيذ نتائج البحوث سابقاً وحالياً وتبنيها)، ونجمة المركز (لتشجيع الباحثين والعاملين وتفعيل دور المركز في مجال البحوث والاستشارات والخدمات)، ووسام التقانة (لتشجيع الاختراع ونقل التكنولوجيا وتنفيذ التصنيع)، ونوط البحث العلمي والتطبيقي (لتشجيع وتوثيق مساهمات القطاعين الخاص والعام في تمويل البحوث العلمية والصناعية والتطبيقية)، وقلادة المرأة للإبداع العلمي (لتشجيع وتبني البحوث والتنافس بين الباحثات في مجال تنمية المرأة والطفل)، ووشاح الاستشارات (لتشجيع العمل في مجال الخدمات الاستشارية والفنية والصناعية).

o وضع بروفيل المركز ليشمل البروفيل الصناعي (لبرامج الأمن الغذائي، والانتاج المحلي للسكر، وبناء قدرات مهندسي الصيانة، وقيام مركز التصميم الهندسي ومركز اللحام).

o الانتشار الجغرافي للمركز بإنشاء أفرع مقترحة في الولايات الأخرى.

<u>التواصل والترابط العضوي</u>

o حددت عضوية المركز في اللجان والمجالس للعضوية خارج السودان وداخله. العضوية خارج السودان. منذ انشأ المركز بمساعدة اليونيدو أصبحت له علاقات متميزة على المحور العلمي. بجانب ذلك يمثل المركز النقطة المحورية لبنك المعلومات الصناعية والتكنولوجية التابع لمنظمة INTIB، والنقطة المحورية للنظام الأفريقي لتبادل المعلومات TIES، وللمركز علاقات وثيقة مع المنظمة العربية للتنمية الصناعية والتعدين والمركز الأفريقي الإقليم للتصميم الهندسي ARCEDEM بنيجيريا وتضم عضوية المركز خارج السودان التالي:

- عضو المنظمة العربية للتنمية الصناعية والتعدين بالرباط،

- المنظمة العربية لتبادل المعلومات الصناعية التابعة للمنظمة العربية للتنمية الصناعية والتعدين،

- عضو الاتحاد العربي للإسمنت ومواد البناء بدمشق،

- عضو المنظمة العالمية للتقانة الصناعية والبحوث بالدنمارك،

-   Waitro –World Association of Industrial Technology and Research –Denmark

- عضو منظمة الأمم المتحدة للتنمية الصناعية (اليونيدو)،

- اللجنة القومية للمنظمة العربية للتنمية الصناعية والتعدين AIDMO،

- لجنة يوم التصنيع الأفريقي،

O ضمت العضوية داخل السودان:

- المجلس المهني الأعلى للأصماغ،

- مجلس جامعة السودان للعلوم والتكنولوجيا،

- لجنة التخطيط بوزارة العلوم والتقانة،

- مشروع المسح الصناعي الشامل وزارة الصناعة والاستثمار،

- اللجنة الفنية للهندسة الكيميائية بالهيئة السودانية للمواصفات والمقاييس،

- اللجنة الفنية للتعبئة والتغليف بالهيئة السودانية للمواصفات والمقاييس،

- اللجنة الفنية لاستخدام البلاستيك بالهيئة السودانية للمواصفات والمقاييس،

- اللجنة الفنية لمتطلبات السلامة بالهيئة السودانية للمواصفات المقاييس،

- اللجنة الفنية للنسيج بالهيئة السودانية للمواصفات والمقاييس،

- اللجنة الفنية للكهرباء بالهيئة السودانية للمواصفات والمقاييس،

- اللجنة الفنية لمياه الشرب بالهيئة السودانية للمواصفات والمقاييس،

- اللجنة الفنية للعب الأطفال بالهيئة السودانية للمواصفات والمقاييس،

- لجنة دراسة إنشاء مركز علوم القياس والمعايرة بالهيئة السودانية للمواصفات والمقاييس،

- لجنة التعاون السوداني الإيراني لتصنيع الآليات الزراعية،

- لجنة الإسمنت ومواد البناء وزارة الصناعة،

- اللجنة الأكاديمية بالمجلس الهندسي السوداني،

- لجنة البيئة بالجمعية الهندسية السودانية،
- اللجنة الرئيسة في مجالات الثقافة والصناعة الثقافية بوزارة الثقافة،
- لجنة الصناعات الثقافية بوزارة الثقافة،
- لجنة الدراسات العليا والبحث العلمي بلجنة الدراسات الهندسية والتقنية بالمجلس الهندسي للتعليم العالي،
- مجلس أمناء المكتبة الوطنية بالأمانة العامة لمجلس الوزراء،
- الصندوق القومي لرعاية المبدعين بوزارة الثقافة،
- جمعية حماية البيئة السودانية،
- رابطة الاتحاد السوفيتي سابقا،
- مجلس إدارة مصنع الصداقة للغزل والنسيج،
- جمعية الحرفيين الاستثمارية،
- مجلس إدارة مسبك الخرطوم المركزي،
- مجلس إدارة المركز الإقليمي الأفريقي للتصميم والتصنيع الهندسي ARCDEM،
- لجنة يوم التصنيع الوطني،
- اللجنة العليا للخريطة الاستثمارية بجهاز الاستثمار،
- لجنة المرأة قطاع الصناعة بنادي سيدات الأعمال السودانية،
- قطاع المرأة في الصناعة في مجموعة متعاونات الخيرية،
- لجنة تنسيق عمل المركز القومي للجلود مع الكوميسا،
- لجنة استراتيجية البحث العلمي بوزارة العلوم والتقانة،
- المجلس الاستشاري بكلية العلوم والتكنولوجيا،
- لجنة تسيير مشروع المسح الصناعي الشامل بوزارة الصناعة والاستثمار،
- لجنة التنمية الصناعية بوزارة الصناعة،
- لجنة المعمل المركزي بوزارة العلوم والتقانة،
- لجنة المعرض الدائم بوزارة العلوم والتقانة،
- لجنة اليوم الوطني،
- لجنة أمانة الكوميسا بوزارة التجارة الخارجية،
- جمعية حماية المستهلك،

- جمعية علوم وتكنولوجيا الأغذية،
- اتحاد المرأة بولاية الخرطوم،
- لجنة اتحاد نساء دول الكوميسا نالكوم.

o وضعت أسس ضابطة لتفعيل الاتفاقيات والبروتوكولات وخطابات التفاهم مع الجهات والمؤسسات ذات الصلة بوضع النظام الأساسي للمجموعة الاستشارية الأهلية للمركز، وبروتوكول التعاون المشترك بين الاتحاد العربي للإسمنت ومواد البناء والمركز (وذلك في كافة المجالات العلمية والتكنولوجية والبحوث والدراسات والتأهيل والتدريب والتوثيق العلمي وذلك بقصد توحيد الجهود والطاقات والإمكانات العربية لما فيه خدمة العمل العربي المشرك)، ومذكرة التفاهم بين مركز بحوث وتطوير الفلزات بجمهورية مصر العربية والمركز (في مجالات الخامات المعدنية والتدريب).

المخرجات المنتجة

o من أهم إنجازات المركز: الاستشارات الفنية، والعينات التي فحصت في مختبرات المركز، ودراسات الجدوى، والتجارب المعملية والاختبارات، والدورات التدريبية السنوية مع القطاع الصناعي، والبحوث العلمية وللندوات والمؤتمرات وورش العمل وحلقات الدرس (ساهمت مدارس الحرفيين في نشر المعرفة والتدريب المهني والصناعي ورفع الوعي الصناعي في عدة مجالات ومهام منها: السيراميك وصناعة صابون الغسيل والتواليت والسلخ والذبح والنقاشة وصيانة السيارات وصيانة المصانع والمرلجل البخارية وصيانة البلالي واستخلاص الزيوت العطرية وجودة الاغذية المصنعة والدباغة والمصنوعات والمنتوجات الجلدية وضبط الجودة لمواد لبناء والحراريات وتقنية المعلومات والشبكات ونظم الادارة والتكاليف وطرق التسويق الحديثة).

التواصل المجتمعي

O تكونت المجموعة الاستشارية الأهلية للمركز ممن عمل أو يعمل باحثاً بالمركز. أو ممن يؤمن بتفعيل دور المركز وتحقيق أهدافه، أو أن يزكى من قبل الوزير أو المدير العام أو أحد أعضاء مجلس الأمناء، بالإضافة لعضوية الشرف بترشيح

من مجلس المجموعة من الشخصيات القومية التي شاركت أو ساهمت في التنمية الصناعية. وتهدف المجموعة إلى التالي:-

- ✓ مساندة المركز في أعماله الاستشارية والفنية والبحثية والتحليلية والتدريبية بالرأي والفكر والعلم، وتقديم الاستشارة حول أنجع الطرق لإنجاح خططه وأهدافه.
- ✓ معاونة المركز في إيجاد الصلات وتوثيق العلاقات والتنسيق بين الجهات ذات الصلة بقضايا الصناعة محليا وإقليميا وعالميا.
- ✓ توسيع شراكه المركز مع القطاع الصناعي العام والخاص ومؤسسات التعليم العالي والبحثي في مجالات البحث العلمي الصناعي.
- ✓ استخدام الوسائط المختلفة المتاحة للمجموعة للإعلام عن المركز ودوره القيادي في خدمة القطاع الصناعي.
- ✓ مساعدة المركز لنقل التقانة وتوطينها في القطاع الصناعي والعلمي والخدمي.
- ✓ استقطاب الدعم المالي والعيني للمركز ومشروعاته لتطوير معداته ونظمه وبناء قدراته وتوسيع دائرة اتصالاته مع الجهات المحلية والخارجية.
- ✓ استقطاب الجهات ذات الصلة للنشر العلمي المشترك مع المركز عبر إصداراته المختلفة.
- ✓ تفعيل التدريب الداخلي والخارجي واستقطاب المنح والمساعدات الفنية والمالية مع الكيانات الحكومية واتحاد أصحاب العمل وفتح قنوات التعاون معها.
- ✓ توثيق وتطوير علاقة المجموعة بالمركز.
- ✓ المساعدة في ربط قاعدة معلومات المركز بالشبكات المثيلة محليا وعالميا.
- ✓ تقديم مقترحات لبحوث واستشارات للقضايا الصناعية الملحة والمهمة وتقديم الحلول لها والمساعدة في نشر الوعي الصناعي والانفتاح على أقاليم السودان المختلفة.

- ✓ المشاركة في الندوات والمحاضرات والمؤتمرات الدورية التي يعقدها المركز وتوثيقها.

- ○ انشاء الجمعية الطوعية السودانية لحاضنات المشروعات الصغيرة ووضع النظام الأساسي لها، مستهدفة فئات شباب الخريجين الباحثين عن عمل، والعمالة الفنية العاطلة، والعمالة الفنية من العاملين بالقطاع الخاص وشركات قطاع الأعمال العام، وأصحاب المشروعات الصغيرة والأسر المنتجة. تكون عضوية الجمعية مفتوحة لكل من له الرغبة في المشاركة والعمل لتحقيق أهداف الجمعية من المسئولين والمتخصصين ورجال الأعمال والبنوك وغيرها من الجهات المعنية بالمشروعات الصغيرة. وتضم أهداف الجمعية التالي:

- ✓ المساهمة في ربط نشاط الحاضنات وما يتوصل إليه من نتائج بالاقتصاد الكلى للبلاد وفق استراتيجيات التنمية القومية لتوجيه نشاط الحاضنات لتكون ذات عائد ملموس في مساهمة الصناعة في الدخل القومي.
- ✓ السعي لإيجاد التمويل لكل مشروع صغير للإعداد والتجهيز وتغطية العجز في العائدات لحين الوصول إلى مرحلة الاعتماد على الذات وأحداث للتوازن بين العائدات والنفقات لإيجاد فرص عمل جديدة ودائمة من خلال دعم إقلمة المشروعات الصغيرة وتنميتها.
- ✓ دراسة الخيارات والخبرات المتاحة والتوصل إلى أنموذج سوداني للحاضنات يماثل النماذج العالمية، والعمل على تطويره وتحديثه وتوطينه ليلائم الظروف والمستجدات المحلية.
- ✓ المساعدة في تنمية صادرات العمل الحر وقدرات المبادرات التكنولوجية، وتطوير الأفكار المبتكرة.
- ✓ تحقيق النمو التدريجي للمشروعات الصغيرة وتوليد النشاط والثروة داخل الحاضنة وتأهيلها حتى تخريجها من الحاضنة لمواصلة الأداء الجيد في كافة الظروف ومواكبة التنمية الاقتصادية والاجتماعية وتسويق المنتج.
- ✓ توفير الدعم الفني والإداري.
- ✓ تجميع طاقات أصحاب المشروعات الصغيرة في إطار يحمى مشروعاتهم في بداية العمل بها، ويساعد الشباب لتحقيق طموحاتهم لاقتحام مجالات العمل الحر،

وتوفير آلات الأداء الناجح لهم من خلال شبكة من المختصين في كافــــــــة المجالات.

- ✓ ربط تنويع مجالات النشاط بالاقتصاد المحلى.
- ✓ الاستفادة من الحاضنات في نقل التكنولوجيا، وتطوير الأفكار المبتكرة، وتوسيع مجال نشاط المشروعات المحلية.
- ✓ إيجاد نماذج للتعرف من اجل نشر ثقافة الحاضنات للقيام بالمشروعات، وزيـادة قدرة الشركات على البقاء.
- ✓ إدارة شبكة الحاضنات على مستوى الولايات والأقاليم.
- ✓ تقديم الخدمات العينية بمرافق الحاضنة.
- ✓ وضع تصور استراتيجية لكيفية التعريف بالحاضنات، وزيـادة للـوعي لـدى المستثمرين وأصحاب منشآت الأعمال الصغيرة والكبيرة.

O انشاء لجنة إجازة التقانات الصناعية في إطار التكامل المرتجى والتنسيق المتطلع إليه بين وزارتي العلوم والتقانة والصناعة عبر المركز، والتي انبثقت منها لجان الصناعات الغذائية، والهندسية، والجلدية، والنسيجية وغيرها. والغرض الأسمى لعمل اللجنة هو اكتشاف المواهب والمبتكرين والمكتشفين أهل التقانات الصناعية المنتشرين عبر ربوع البلاد المختلفة في: الورش الصناعية والمناطق الصناعية، ودور الحرفيين، ومراكــز التصنيع، ودور التعليم، ودور التأهيل والتدريب والإصلاح وغيرها؛ بغرض تطويـر التقانة ونشرها وتسويقها، وتأهيل الحرفي والصناعي للاستفادة مـن أسـواق التقانة المحلية والعالمية . ومن أهم أهداف هذه اللجنة:

- وضع السياسات والخطط الداعمة لتطوير التقانة ونشرها.
- إجازة التقانات الصناعية المبتكرة والمطـورة محليا بهـدف زيـادة الإنتـاج والإنتاجية ورفع الجودة والحفاظ على البيئة.
- المساهمة في تسجيل التقانات والابتكارات عبر عمل اللجنة كذراع فنى للمسجل التجاري.
- وضع قاعدة بيانات وتوثيق ومصرف معلومات حول التقانات الصناعية المحلية.
- التعاون والتنسيق مع اللجان الشـبيهة علــى المسـتويات المحليـة والإقليميـة والعالمية.

o انشاء سوق نقل التقانة لتمكين لجنة اجازة التقانات الصناعية من اداء المهام الملقاة على عاتقها وليستفيد منها جمهور انتاج التقانات. فقد المركز وهذا السوق المبتكر لنقل التقانة من أهم أهدافه ومراميه:

- نشر التقانات وتسويقها وتقديمها للمستهلك والمصنع.
- الإرشاد الصناعي والتقني المتجدد والمبتكر.
- بناء القدرات الصناعية والتنمية البشرية في الإطار الصناعي.
- التوثيق للتقانات المحلية والمتوطنة والمستوطنة.
- ولوج دنيا التجارة عبر النقاط التجارية والمشاركة الفاعلة في المعارض التقنية المحلية والإقليمية والعالمية.
- المساهمة في البحث العلمي الهادف نحو تطوير تقانات محلية واعدة.
- إدخال مفاهيم الجودة الشاملة والملكية الصناعية والتجارة الدولية وسط الحرفيين والصناعيين.
- إصدار دورية تقانية متخصصة وغيرها من النشرات والإصدارات الداعمة للتأهيل والتدريب.
- المساعدة في تسجيل البراءات في تنسيق وتكامل مع لجنة إجازة التقانات الصناعية والمسجل التجاري..
- إقامة المؤتمرات والمنتديات وورش العمل المتخصصة حول التقانات بالسوق.

o اقامة مدارس الحرفيين ومدارس النزلاء لتنزيل مبتكرات التقانة الموطنة والمستحدثة. إذ تعنى مدارس الحرفيين بالتالي:-

- تطوير قدرات الحرفيين والتنمية البشرية لهم بالتركيز على الجندرة.
- التثقيف الصناعي والإرشاد ورفع الوعي وفق مجالات: الصناعات الصغيرة، والصحة المهنية والبيئية، والأمن الصناعي.
- التعريف بالوسائل الحديثة المستخدمة في الحرفة والمهنة وتطوير الأجهزة والآلات.
- التعليم المستمر والدائم باستخدام كافة المحاور الفنية المتاحة.

وتتفرد المدارس بتنوعها حسب التخصصات المهنية الموجودةفي الوسط الحرفي (حدادة ونجارة وكهرباء وميكانيكا وسباكة وبناء وسلخ وذبح ودباغة وصناعات جلدية .. الخ). كما للمدرسة منهجها غير التقليدي في أسلوب العرض والمحاضرات والتعليم

وإكساب المهارة، ولا تتقيد المدرسة بموقع محدد، أو إطار فصلى مبرمج تقليلا للتكلفة، وتسهيلا للدراسة، وقربا من مواقع العمل، وتجويد اكساب المهارة والتعلم للحرفي والصناعي.

O أما مدارس النزلاء فقد قسمت إلى: مدارس مهنية، وأخرى للتعمير، وثالثة للحواسيب والإلكترونيات، ورابعة للمصنوعات الجلدية، وخامسة للأعمال الخزفية والتصنيع اليدوي، وأخيرة للصناعات الصغيرة. وهدفت هذه المدارس لتأهيل النزيل وتدريبه ورفع قدراته في السجون والإصلاحيات ودور تربية الفتيان ومعاهد تأهيل النزلاء وقطاعات منظمات المجتمع المدني المهتمة. ومن أهم أهداف هذه المدارس:-

- تطوير قدرات النزيل وبناء قدراته المهنية والحرفية.
- إدخال مفاهيم العمل المشترك وعمل الفريق ، والملكية الفكرية والصناعية ، والصحة المهنية، والتجارة الدولية.
- المشاركة في تعليم وتربية النزيل لارتياد آفاق صناعية جديدة مواكبة للتطور المهني العالمي وسوق العمل.
- المشاركة مع جهات الاختصاص لتحويل فترة العقوبة للنزيل والإصلاح لإجراء عمل نافع مفيد ومنتج.

ومن المتوقع أن تطور هذه المدارس من أساليب العمل والأداء المهني باستخدام وسائل التعليم عن بعد ومؤتمرات الفيديو وغيرها من المعينات الإلكترونية العصرية الزهيدة الثمن حاليا والمتوفرة محليا.

O حاضنات المشروعات الصغيرة تفكر فيها المركز لأهمية اعطاء رعاية أكبر للصناعي وتركيز أكبر للحرفي المنتج لتقانة معينة. ومن ثم عمل المركز مع كثير من جهات القطاع الخاص لإنشاء جمعية طوعيه لحاضنات المشروعات الصغيرة التي تهدف إلى:-

- ربط التقانات المنتجة بالاقتصاد القومي للدولة.
- توجيه نشاط إنتاج التقانات وحضانتها وفق استراتيجية التنمية القومية.
- المساهمة في استقطاب التمويل للمشاريع الصغيرة بغية الإعداد الجيد والتجهيز السليم للتوازن مع السوق والمنافسة والجودة .
- تطوير الأفكار المبتكرة ورعاية التقانات المؤمل فيها.
- تحقيق النمو المطرد للمشروعات الصغيرة.

- توفير الدعم الفني والإداري.
- المساهمة في نقل التقانة وتوطينها وتطويرها عبر إنتاج التقانات .
- التشبيك من أجل التنسيق والتعاون.
- ومن هنا الدعوة لإنشاء حاضنات مختلفة في كافة المناشط التجارية والصناعية عبر مؤسسات القطاع الخاص المهتمة بالمنافسة والتجارة الدولية.

- رفع تصور شامل لقيام كرسي اليونسكو لنقل التقانة عبر المجلس العلمي الصد ناعي التابع لأكاديمية السودان للعلوم للاستفادة من العقول البحثية المنضوية تحت مظلة الدراسات العليم للابتكار والاختراع والاكتشاف والتطوير ونقل التقانة ونشر المعرفة عبر البحوث التطبيقية والأصيلة والمستندة على البرهان وغيرها حسب لستراتيجية البحث العلمي المنتجة لقيمة مضافة ترفع من شأن الدولة والتجارة الخارجية لها وفق معايير التجارة الدولية.
- قيام النقطة التجارية الصناعية فرع من النقطة التجارية الرئيسة للدولة لخدمة القطاع الصناعي والقرب من المناطق الصناعية، بغية ربط الصناع والعمال المهرة بها وبالمركز والمؤسسات التعليمية والتدريبية والبحثية التي تنتمي للمركز وتتصل به عبر بروتوكولات التكامل والتعاون والتآزر والمساندة والعمل المشترك.
- قيام دار النشر والتوزيع بالمركز للنشر العلمي المحكم والمقوم من النظراء والعلماء وصناع التقانة عالميا وإقليميا ومحليا وفق سلاسل مميزة للبحث العلمي والتوعية الجماهيرية والحاضنات الصناعية والاستشارات الصناعية ودراسات الجدوى وغيرها من مخرجات بيئة المركز ومخابره.

ثانيا: مركز البحث العلمي والعلاقات الخارجية

الرسالة والاهداف

بدأت فكرة العلاقات الخارجية للتواصل العلمي والفني والمهني بين الجامعة والقطاعات البحثية والصناعية المتعانقة داخل القطر وخارجه. ثم توسعت الفكرة لتوحيد البحث العلمي داخل الجامعة وتوجيهه نحو خدمة استراتيجية الدولة ونفع المواطن في شراكة مستترة مع كلية الدراسات العليا وفق خطة بحثية ركائزها الاستراتيجية القومية الشاملة الوطنية، وموجهات التعليم العالي والبحث العلمي، ومخرجات التعليم الثانوي والفني والمهني

والتجاري. من ثم انبثقت عدة لجان ومجموعات جماعات الاساتذة والباحثين والفنيين من ذوي الصلة بالمعهد الفني الحاضن الاول للجامعة ومنشؤها المبتكر. وتوسعت الدائرة لتشمل خريجي الجامعة مذ كانت مجموعة معاهد. وابتكر المركز جمعية البحث العلمي الطلابي لتفعيل جمهور الطلاب وصغار الباحثين وناشئة المخترعين في شراكة بينة مع المشرفين على المشاريع البحثية الطلابية داخل الجامعة وخارجها سيما وللجامعة قيم مضافة تتفرد بها على مثيلاتها بالقطر مثل: الفنون الجميلة والتربية البدنية والمرأة والطفل والموسيقى والدراما والمسرح وا؟لأشعة والتجارة والسكرتارية. من ثم كانت الفكرة لنتاج تقانات هندسية وعلمية وزراعية وانتاج حيواني وتسويقها عبر اركان الثقافة والسياحة والتعليم والاعلام والتجارة والسكرتارية بتمام قيام المسرح للتربوي والاعلام الجامعي والبينال الثقافي ودهليز الفنون الجميلة فحضن المركز وحدات الجامعة وكلياتها في خلية عمل وفق انصهار واضح تجلى في المخرجات العلمية وللندوات الثقلفية والمؤتمرات المهنية والحقائب التدريبية والمنتديات الجماهيرية والمصنوعات الثقافية والمنوجات الفنية وغيرها.

<u>الرسالة والاهداف</u>

- وضع النظام الأساسي لمركز البحث العلمي والعلاقات الخارجية بالجامعة والذي شمل تنفيذ أهداف المركز ومهامه في التالي:

1. توثيق العلاقة بين الجامعة والمؤسسات خارجها (سواء في القطاع العام أو الخاص بالوزارات والشركات والمصانع)، ومساهمة الجامعة لتطوير الصناعة المحلية.
2. ربط الجامعة بالاستشارات الصناعية ومؤسسات التعليم العالي ومراكز البحث العلمي المحلية والخارجية ووحدات الدراسات العليا داخل السودان وخارجه للتعاون وتكامل الجهود والتنسيق في مجال التدريب والبحوث وتبادل الأساتذة والمعلومات.
3. استقطاب الدعم لمشروعات الجامعة الإنشائية والأكاديمية من داخل السودان وخارجه بالتنسيق مع الكليات والمعاهد والمرلكز بالجامعة وتفعيل الاستثمار في مجال البحث العلمي.

4. استقطاب المنح الأكاديمية والمساعدات الفنية والمالية من داخل السودان ومن خارجه.
5. توثيق وتطوير علاقة الخريجين بالجامعة .
6. استقطاب الدعم في تأليف وتعريب وترجمة الكتاب الجامعي ونشره وطباعته.
7. ربط قاعدة معلومات الجامعة بالشبكات المحلية والإقليمية والعالمية لتوفير المعلومات التي تشكل القاعدة البحثية للدراسات العليا والمساهمة في المشاريع التنموية واستثمارات الجامعة.
8. وضع خطط وبرامج البحث العلمي والصناعي بالجامعة وفق الخطط الاقتصادية والتنموية بالبلاد وذلك بالتنسيق مع كليات ومراكز ووحدات الجامعة الأخرى
9. خلق صلات مع المنظمات والجمعيات العلمية والمهنية والأكاديمية والبحثية لغرض التواصل العلمي والحصول على الدوريات العلمية وتوفير إمكانات النشر في إطار عالمي.
10. تشجيع البحوث المشتركة والجماعية بين وحدات الجامعة والوحدات المماثلة الأخرى خارج الجامعة.
11. إصدار مجلات ومنشورات.
12. إعداد الندوات والمؤتمرات العلمية ذات الصلة بالبحث العلمي والصناعي بالجامعة والدولة.

<u>معالم ضبط العمل</u>

- وضع مقترح ضوابط الوصف الوظيفي والعبء الإداري للمركز لتضم المدير ورؤساء الأقسام والأمين ومسئولي العلاقات الخارجية والخريجين والموظفين والمحاسبين والحرس والعمال.
- محاولة رصد ما يمكن أن يلي الكليات تنفيذه من بنود الاستراتيجية القومية الشاملة رغم قصر المدة المتبقية من عمر الاستراتيجية. ومن ثم قسمت الأدوار البحثية على الكليات بغرض:

- محاولة وضع خطة بحثية متكاملة لكليات الجامعة ومراكزها ومعاهدها.
- محاولة تحديد الأطر البحثية تحت بند المرجو المتاح وربما الممكن غير الريادي.
- وضع برامج بحثية محددة وتحديد الجهات أو الأفراد الذين يمكن أن يقوموا بالإسهام في تفعيلها.
- وضع ميزانية مفصلة لكل برنامج بحثي.
- إيجاد التمويل والدعم للمشاريع البحثية من خارج الجامعة.
- التفكر في قيام صندوق للبحث العلمي بالجامعة.

- وضع استبانة البحث العلمي لتحضير الخطة الاستراتيجية، ولأهداف البحث، وخطة العمل، والإشراف على مجموعة العمل، وتحضير دراسة الجدوى والدراسات الفنية، ومطلوبات الأجهزة، والميزانية وغيرها.
- وضع استراتيجية بحثية للجامعة عبر تحديد مواضيع البحث العلمي التطبيقي أو الصناعي الجماعي أو المشترك عبر عمل الفريق البحثي من كليات الجامعة المختلفة أو يضم بين جوانحه أفراد من كليات ومدارس أخرى بالجامعة أو المركز القومي للبحوث. وتضمنت البحوث محاور اسم البحث العلمي أو التطبيقي وأهدافه العلمة والمتخصصة وأسماء منسقي الأبحاث وألقابهم العلمية وميزانية عامة تضم أي أجهزة علمية مساعدة للمشروع مع تبيان ارتباط البحث بزيادة إنتاج الصناعة المحلية أو تجويد نوعيتها. في إطار تفعيل البحث العلمي الجماعي في الجامعة قام المركز بوضع استبانة مفصلة للكليات لتوضيح الهموم البحثية، والمشاريع القائمة أو تلك المخطط لقيامها، بغرض وضع خطة بحثية شاملة للجامعة.
- اهتمت سياسات استراتيجية الصناعة "بتشجيع البحوث العلمية والتقانية الوطنية وأنظمة الترخيص ونقل التقلنة. للارتقاء التقاني بالصناعة الوطنية، والبناء التدريجي للتقانة والخبرة الوطنية الملائمة لتقدم الحلول لقضايا تنمية الموارد الوطنية الطبيعية، ووسائل تحويلها وإكسابها قيماً مضاعفة. وإدخال نظم الإدارة الحديثة ومؤسسات التدريب علي كافة

المستويات لبناء كادر قومي من المنظمين والمبتكرين الصناعيين، واحتياطي وافر من العمالة الماهرة المتوثبة". كما وتنادي استراتيجية التعليم العالي: "بتشجيع البحث العلمي، خاصة البحث التطبيقي والجماعي ومتعدد التخصصات وربطه بالتدريس والإنتاج واستنبات أصوله". وتمشياً مع الاستراتيجية القومية الشاملة للدولة ندرج طيه قائمة البحوث العلمية المخصصة للأهداف القطاعية.

الكلية	الاستراتيجية	المنطوق المقتطف من الاستراتيجية
كلية الهندسة:	الصناعة	• تطوير صناعات مخلفات السكر كالورق من البقاس والخميرة من المولاس. • معالجة مخلفات الصناعة. • تطوير المنتجات الطينية كالطوب والبلاط للسقوف والأرضيات. • التوسع في إنتاج الجير. • التركيز على تحسين نوعية المنتجات الصناعية. • التوسع في مجالات السكر والمنسوجات والمنتجات الغذائية والمنتجات الجلدية والأسمنت لإنتاج فائض كبير للتصدير. • إقامة صناعات جديدة كتجميع الآلات الزراعية، والأجهزة الإلكترونية، وتصنيعها وصناعة الصودا الكاوية والمبيدات والبتروكيماويات والحديد والصلب.
	التخطيط العمراني والإسكان:	* تطوير الأنماط التقليدية في السكن وبخاصة في الريف والبادية التي تقوم أساساً على استخدام المواد المتوفرة في البيئة. * وضع الأسس السليمة لقيام صناعة مواد البناء والاستفادة من الدراسات الهامة التي تمت في هذا الشأن. * الاستفادة من كافة الأبحاث التي قامت بها مراكز بحوث البناء والجامعات والوزارات ومراجعتها وتوثيقها (مواد وأساليب البناء).
	التخطيط العمراني:	* التركيز علي البحث في مجالات التنمية الريفية خاصة في مجالات إصحاح البيئة والإسكان وتوفير المياه والصرف الصحي والطاقة، والبحوث في مجالات الارتقاء بصناعة

	البيئة:	البناء وخفض كلفته والاستفادة من المواد المتوافرة بالبيئات المحلية خاصة. * توفير المعوقات الأساسية للارتقاء بصحة البيئة وبيئة الحضر، من ماء نقي، وإرشاد ووسائل تجميع النفايات ونقلها، والاهتمام بتخطيط المدن وضبط ذلك بخريطة موجهة لكل مدينة. * وضع خطة شاملة للبحث العلمي في كل مجالات البيئة تنفذ على مدى فترة الاستراتيجية.
كلية العلوم:	الصناعة التنمية الصحية:	• الاكتفاء الذاتي من الأسمدة. • البدء في صناعة تركيب المبيدات. • التوسع في صناعة الإسمنت. • إنشاء مشروع اللقاحات والمنتجات الحيوية ودعم البحث العلمي المتصل بها. • إنشاء وحدات إنتاج مستلزمات المعامل. التوسع في الاستفادة من النفايات في بعض الصناعات.
تكنولوجيا الأغذية والإنتاج الحيواني:	الصناعة الزراعة والثروة الحيوانية والموارد الطبيعية:	• تطوير قطاع الذبيح والسلخ ومنتجات اللحوم. • تطوير صناعة أغذية الأطفال من خامات محلية. • تصنيع كل الخامات الجلدية وتصدير جلود جاهزة. • مضاعفة الثروة الحيوانية ثلاثة أضعاف. • تطوير أساليب تربية الحيوان ورعايته وتأهيل الرعاة وأصحاب الأنعام. • استئصال الأمراض الوبائية والمستوطنة.
الدراسات الزراعية:	الصناعة: الزراعة والثروة	• تطوير صناعات التعليب ومركزات الخضر والفواكه. • تطوير صناعة تجفيف الأغذية. • تنمية قطاع الصادر من الأعلاف والمنتجات الغذائية. • الاكتفاء الذاتي والتصدير من منتجات الخميرة والجلكوز. • تصنيع المواد العطرية والطبية. • تصنيع الحبوب الزيتية. • تطوير نظم الري وتحديثها وزيادة كفايتها.

كلية الفنون:	**الحيوانية والموارد الطبيعية:**	• مضاعفة إنتاج الحبوب الغذائية ستة أضعاف على الأقل ومحاصيل الحبوب الزيتية خمسة أضعاف على الأقل، وتنويع المحاصيل الأخرى ومضاعفتها مرتين على الأقل كالنباتات الطبية والعطرية.
	الصناعة:	• تصنيع منتجات الخزف من خامات محلية. • تطوير الصادر من الرخام والقرانيت. • تطوير إنتاج معدات الصناعات الصغيرة محلياً.
	تنمية السياحة:	• تطوير الاستثمار في تنمية الحرف اليدوية والصناعات التقليدية، وترويجها وتسويقها في للداخل والخارج وإدخالها في السوق العالمية.
كلية التكنولوجيا والتنمية البشرية:	**الإحياء والإشعاع الثقافي:**	التعريف بالتراث الفني للحضارة الإسلامية، والتقاليد الأفريقية في التشكيل الثقافي.
	الصناعة:	• التوعية الاجتماعية والقضاء على العادات الضارة. • ترشيد الاستهلاك وإذكاء روح الادخار والإنتاج. • الإرشاد الصحي والبيئي. • دراسة العادات السلوكية والاستهلاكية ومحاربة سلبياتها.
	الرعاية والتنمية الاجتماعية:	وضع برامج موجهة للمرأة للحفاظ على البيئة.
	التدريب:	الاهتمام بتدريب الفئات الخاصة، المرأة والشباب والمعاقين والمسنين.
	الإعلام: التدريب الإعلامي:	الاهتمام بالبحث العلمي في مجالات الاتصال المختلفة واعتماده كأساس لسياسات الاتصال وربطه بالتنمية الاجتماعية والاقتصادية والثقافية.
التربية الرياضية:	**الرياضة:**	• تضمين الرياضة في المناهج والجدول الدراسي لجميع التلاميذ والتلميذات. • الاهتمام بالدورات الرياضية المدرسية المحلية والقومية للمراحل المختلفة، وتوسيع مشاركة المؤسسات التربوية فيها، والمشاركة فيللدوريات المدرسية الإقليمية والدولية.

		التأهيل والتدريب: • اعتماد نظام ثابت للتدريب بكل أنواعه ومقتضيات تدرجه، وذلك بعقد الدورات المتوسطة والمتقدمة في مجالات الإدارة، والتدريب، والتحكيم، والإعلام الرياضي، والطب الرياضي، وفنيي الملاعب، والاستفادة من برامج التكامل، والاتفاقيات، والمنح. • اهتمام الإعلام الرياضي بالقضايا والمشكلات الرئيسة للتنبيه على معالجتها. • تدريب الإعلاميين والنقاد الرياضيين. • توثيق الحركة الرياضية. • تطوير الصناعات الوطنية للمعدات والأجهزة الرياضية. • إجراء مسح رياضي شامل، مع عناية خاصة بالرياضة قبل المدرسة (رياض الأطفال والخلاوى) والمعاقين وما يلائم ظروفهم من ضروب الرياضة ويحقق اندماجهم الكامل في مجالها. • عقد ندوة مخصصة حول الإعلام الرياضي لإرسائه على أسس علمية ومبنية على الالتزام الصارم بما جاء بميثاق الإعلام الرياضي. • إقامة الدورات الثقافية الرياضية المدرسية المحلية والقومية للمراحل المختلفة كل عام، وإلزام كل المؤسسات التعليمية بالمشاركة فيها. • استمرار عملية التوعية القومية بالرياضة، وإقامة حلقات نقاش ومؤتمرات متخصصة على المستوى القومي والولايات. • عقد حلقات نقاش خاصة بالإحصاء الرياضي وتقويم ما تم، ومدى مواكبته لمتطلبات المرحلة.

- الشروع في بناء مكتبة متخصصة للبحث العلمي والدراسات العليا من أمهات الكتب والدوريات الرائدة في مجالات البحوث المصاحبة لخطة المركز البحثية. أول نـواة لبناء هذه المكتبة التي سوف تخدم جمهور الخريجين، وقطـاع الطلاب، وفئـات الهيئة التدريسية والبحثية بالجامعة.
- الزيارة الميدانية لبعض كليات ومعاهد الجامعة للوقوف علـى الوضـع الراهـن والاحتياجات الملحة وكيفية المساعدة ووضع تصور للعمل المشترك لمـا فيـه المصلحة العامة، واستقطاب العون والدعم لمساعدة الجامعة نحـو تحقيـق الطفـرة الصناعية وتحديث المناهج من المؤسسات العالمية .

التعاون والتواصل الخارجي

- دراسة الاتفاقيات المبرمة مع الجامعات الخارجية ووضع تصور لتفعيـل كـل منها. وضع وتوزيع وجمع استبيان عن كل الكليات ومعاهد الجامعة للحصـول على المعلومات المفيدة عند وضع الاتفاقيات أو طلب العون بما يخدم مصالح الجامعة وتحقيق الأهداف العليا لها وإبراز أهم البنود للـتي يمكـن أن تفيـد الجامعة أو أن تشارك فيها لتفعيل الاتفاقية الثقافيـة الموقعـة فـي الدولـة بالتنسيق مع إدارة الجامعة.
- وضع مشاريع اتفاقية تعاون بين الجامعة وكل من: هيئة توفير المياه، وهيئة المواصفات والقياسات، والهيئة العامة للأبحاث الجيولوجية، ومركز البحوث والاستشارات الصناعية، وجمعية خزافي البحرين بدولة البحرين، وتفعيـل الاتفاقية الموقعة مع المركز القومي للبحوث.

عمل الفريق وترابط البحوث

- إشراف المركز على لجان تسيير المؤتمرات العلمية والندوات المتخصصة أو المشاركة فيها أو استحداثها أو برمجتها أو تنفيذها أو إخراجها مثـل سـمنار تفعيل البحث العلمي مع المركز القومي للبحوث بقاعة كلية التربية.
- محاولة الاستفادة من المنـح الثقافيـة ربمـا عـبر شـركة *Comatex Iniotica* في إطار تدريب للعلاقات الخارجية.

- التنسيق مع كلية الأشعة وقسم الحاسوب وكلية الهندسة (قسم المساحة وقسم النسيج وهندسة الطيران) لتقديم برامج للجنة الوطنية لليونسكو لتجاز ضمن مشاريع اليونسكو للدول النامية.

<u>التواصل عبر الاجيال</u>

- انشاء جمعية البحث العلمي الطلابي لتحضير جيل من الباحثين المهتمين بتنمية الدولة والبحث العلمي الهادف، وربطها بالجمعيات المماثلة والجمعات في اتحادات الجامعات العربية والافريقية والعربية الاوروبية واليونسكو وغيرها من الأطر المثيلة والنظيرة.
- تكوين اللجنة التمهيدية لدار خريجي الجامعة إيماناً من الجامعة بدورها الطليعي لقيادة المجتمع وتحقيق الطفرة الصناعية من خلال بناء الخريج الكفء والمتميز، فقد رأت الجامعة أهمية اشتراك خريجيها القدامى والجدد لتحقيق هذا الأمل ووضعه موضع التنفيذ من خلال ترفيع الدراسة بالجامعة وغوث المخابر والمكتبة والدعم المالي لعمارة الجامعة.
- تقديم مقترح الوحدات الإنتاجية لما تتميز جامعة السودان للعوم والتكنولوجيا بالعديد من التخصصات النادرة التي يمكن أن تقدم العديد من الخدمات التنموية إذا توفرت الإمكلنات لزوارنا على أسس استثمارية بحتة دون أن تؤثر على النواحي الأكاديمية والتدريبية ومن المقترح أن تضم أوجه الاستثمار عدة مجالات ذات جدوى اقتصادية عليا إذا توفر رأس المال على سبيل المثال: وحدة الخزف، ومطبعة ودار نشر، ومزارع الدواجن بكلية الإنتاج الحيواني، ومزارع إنتاج الألبان بكلية الإنتاج الحيواني، وقسم النسيج بكلية الهندسة، وورش النجارة بكلية الهندسة، وورش الإنتاج بكلية الهندسة، وقسم الأشعة التشخيصية والعلاجية، وقسم المعامل الطبية، وقسم التصميم الصناعي، وتصميم وطباعة المنسوجات، والتصميم والإعلان الإيضاحي، ومكتب سكرتارية متخصصة، ومعمل مكتمل للاختبارات الطبية. كل هذه الوحدات وغيرها يمكن الاستفادة منها في العمل الإنتاجي بتوفير رأس المال اللازم عن طريق استقطاب القطاع الخاص للاستثمار في

هذه المجالات تحت إشراف مجلس استشاري متخصص يضم رجالات الصناعة والمال والبنوك المتخصصة بالإضافة إلى تمثيل إدارة الجامعة على أن تكون مهام هذا المجلس:

1. تحديد مجالات الاستثمار ذات العائد المجزي والتي يمكن أن تسهم إسهاماً فاعلاً في دعم الجامعة دون أن تؤثر على الأداء الأكاديمي.
2. الاستفادة القصوى من إمكانات الجامعة في دعم وتطوير الصناعة وإدخال نتائج البحوث العلمية والمبتكرات مباشرة في مجالات الإنتاج.
3. دعم وتشجيع الأبحاث العلمية التي تسهم في تطوير الصناعة.
4. استقطاب العون الخارجي وإتاحة الفرص للعاملين للتدريب في مختلف ضروب الصناعة بالداخل والخارج للاستفادة من الخبرات الأجنبية في الدول المتقدمة صناعياً.
5. فتح أسواق خارجية للمنتجات المحلية التي تنتجها الوحدات المختلفة لجلب العملات الصعبة وقطع الغيار للمعدات المستخدمة في الإنتاج.

- محاولة وضع إطار لقيام لجنة صناعية علمية بمشاركة أهل الصناعة والفن التقني من خارج الجامعة.
- المشاركة وحضور ندوات ضمت: البيئة والمياه والصرف الصحي في العاصمة بالتركيز على المناطق الصناعية بدار المهندس بالخرطوم، ودور البنك في التنمية المنعقدة بمباني بنك التنمية والتعاون الإسلامي، ومعرض الفنون المقام على شرف وفد جامعة بكين ، وندوة كلية التربية الرياضية ودورها في المجتمع المقامة تحت إشراف كلية التربية الرياضية في المسرح الخارجي بالجناح الجنوبي شارع 61، وندوة البحث العلمي في خدمة السلام المقامة بواسطة المركز القومي للبحوث

بقاعة الصداقة، وندوة مستقبل التعدين بالسودان المقامة بواسطة الجمعية الهندسية السودانية بدار المهندس، وسمنار البحث العلمي في جامعة السودان للعلوم والتكنولوجيا والمركز القومي للبحوث بقاعة كلية التربية، ومحاضرة عن تحديات التعليم العالي في البلدان النامية والمقدمة بوساطة بروفسير هارى ميللر مدير الجامعة الأمريكية بالقاهرة والمنعقدة بقاعة الصداقة بقاعة أفريقيا بالخرطوم.

- المشاركة الفاعلة في اللجان العامة المحلية والاقليمية والعالمية ومنها: لجنة الاستثمار وبيت الخبرة والاستشارات الصناعية ، ومجلس دار جامعة السودان للنشر والطباعة والتوزيع ، لجنة وضع تصور للهيكل الإداري لوحدة العلاقات الخارجية ومركز البحث العلمي وتحديد لأهم الاحتياجات للتفعيل والصيانة اللازمة والضرورية للمباني، والمشاركة في وضع مشروع لائحة التأليف والنشر بالجامعة، ومجلس مجلة العلوم والتقانة، ولجنة حصر القوانين السودانية والدولية المتعلقة بالمياه وغيرها من المشاريع الصغيرة.
- المشاركة الفاعلة في اللجان التالية: اللجنة القومية للاستثمار في مجالات المياه في السودان، والمشاركة الفاعلة في لجنة الهيدرولوجي التابعة للجنة الوطنية للتربية والثقافة والعلوم، لجنة تطوير وتحديث معهد ود المقبول لفني علوم الأرض، مجلس كلية الهندسة، لجنة معجم الهندسة الميكانيكية الصادر من المنظمة العربية للتربية والثقافة والعلوم عبر الهيئة العليا للتعريب بالخرطوم، لجنة المؤتمر البيئي إشراف الجمعية الهندسية السودانية، المجلس الهندسي السوداني، واللجنة الثقافية بالجمعية الهندسية السودانية، ولجان تطوير المناهج الخاصة بتخصصات الكلية، ولجنة تطوير مناهج الماجستير لكورسات كرسي اليونسكو للمياه التابع لجامعة أم درمان الإسلامية.
- تفعيل تعاون اتحاد طلاب الجامعة لدورة زمرة الصادقين إلى تبادل الطلاب والجوالة الجامعية والسِفارة الطلابية وغيرها من الأمور ذات الصلة وللاستفادة من اتفاقيات الجامعة مع الجامعات خارج الحدود (جامعة الشرق الأوسط للتقانة بتركيا، جامعة هجتبا التركية، وجامعة بغداد بالعراق، وجامعة بكين بالصين، وجامعة أنقرا وجامعة البصرة وجامعة وهان وجامعة الكوفة وجامعة بابل وجامعة بغداد وجامعة الموصل وجامعة بغداد وجامعة حلوان.

- تقديم مقترح انشاء مركز الملكية الفكرية لمنظمة الوايبو على أن تكون السمة المميزة للمشروع هي تطوير المركز لتعزيز الدراسات العليا للطلاب والباحثين وخدمة أبحاثهم، وتدريبهم وتقوية إدراكهم العام كي يصبح لهم بعد إقليمي وعالمي. وما ينطبق على الطلاب ينطبق على المدرسين والباحثين من مختلف مؤسسات السودان التعليمية أو من مؤسسات خارجية تربطها بجامعة السودان اتفاقيات توأمة أو برتوكولات موقعة أو خطابات تفاهم. إن قطاع الملكية الفكرية قطاع حيوي ومهم في إطار العولمة وأهداف التجارة الدولية. ويساعد نحو حماية الاختراعات والابتكارات وتسجيلها عالمياً. إن المهمة الأساسية للمركز والأعمال النوعية التي يمكن أن يؤديها تحدد على أساس المبادئ العامة للمنظمة العالمية للملكية الفكرية بجنيف والتي تختص بقضايا الملكية الفكرية والأبحاث والتدريب المتعلق بها بشكل عام ولتفيد الجمهور بشكل خاص وذلك من خلال:

  - ✓ تطوير الكفاءات البشرية ورفع مستواها كي تسهم في رفع وتيرة العمل ومستواه.
  - ✓ القيام بمتطلبات البحث العلمي.
  - ✓ نقل وتطوير التكنولوجيا المناسبة والتكيُّف معها.
  - ✓ القيام بحملات الاطلاع والتوعية للملكية الفكرية
  - ✓ القيام بإجراء الدورات التدريبية المناسبة.
  - ✓ رفع مستوى كفاءات المؤسسات التي تشارك بهذه الأعمال الحيوية.
  - ✓ بمقدور المركز أن يلعب دوراً ريادياً في فهم هذه الحاجات من خلال التعاون والتنسيق مع فعاليات المؤسسات ذات الصلة في كلفة القطاعات المهتمة داخل السودان وخارجه.

  تضم الأهداف القريبة والبعيدة:

  - ✓ تعزيز المركز بالقدرات التدريبية والبحثية لتفعيل مجال الدراسات العليا (الدبلوم، والماجستير، والدكتوراه)، وإقامة برامج التدريب في الملكية الفكرية مع المستوى المحلي والإقليمي، وتأمين ظروف للبدء فيها.

- تطوير الخبرات العاملة في المركز كي تساهم بشكل فعال بالجهد المبذول محلياً وإقليمياً في مجال الملكية الفكرية وحقوق المؤلف.
- تنسيق وضبط آلية المشاريع البحثية في الملكية الفكرية حتى تتكامل مع الخطط بين الدول وثيقة الصلة بالموضوع.
- تنسيق مشاريع البحث المحلية بشكل متكامل مع الخطط المقترحة محلياً.
- الاشتراك في شبكة عالمية للأبحاث في مجال الملكية الفكرية وحقوق المؤلف والحقوق المجاورة عن طريق إشراك جامعات عالمية وشركات بحثية مهتمة أو مراكز أبحاث عامة داخل القطاعات المختلفة ذات الصلة بالموضوع.
- إقامة شبكة محلية وإقليمية للأبحاث في مجال الملكية الفكرية بالتعاون مع الجامعات المحلية والإقليمية المهتمة بالموضوع.
- نشر نتائج الأبحاث في مجال الملكية الفكرية وتقديمها كبرامج توعية للمهتمين.
- إنشاء بنك معلومات وثائقي كخدمة للشركاء في مجال الملكية الفكرية وحقوق المؤلف.
- إقامة علاقات جيدة ذات طابع أكاديمي مع المؤسسات والمنظمات المحلية والعالمية.
- التعاون والتنسيق مع كافة القطاعات المهتمة بالموضوع مثل المنظمات الطوعية من حيث التوجيه والتطوير وإعداد برامج العمل الدولية.
- إحصاء وتوثيق السيرة الذاتية لكل الخبراء والباحثين في حقل الملكية الفكرية وحقوق المؤلف والحقوق المجاورة لإشراكهم بفعلية في المركز عند الضرورة.
- الإعداد لمؤتمر علمي دوري بإشراف المركز وحلقات تدريبية مستمرة.

- ✓ نشر الابتكارات الفكرية في المجال الأدبي والعلمي والفني بشروط عادلة ومعقولة والتي تشملها بالحماية حقوق المؤلف وحقوق الممثلين القائمين بالأداء ومنتجي الفونجرامات والهيئات الإذاعية.
- ✓ التنسيق والتعاون النوعي والفعَّال مع كافة المستويات لإنجاز أهداف المركز.
- ✓ تنظيم الاجتماعات وتقديم المشورة والمعلومات والمساعدة وللتدريب وإعداد الدراسات وإبداء التوصيات وتحضير ونشر قوانين نموذجية ومبادئ توجيهية بالتنسيق والتعاون مع الوايبو.
- ✓ تقديم الدعم للتدريبات والقدرات البحثية في مجال الملكية الفكرية وحقوق المؤلف والحقوق المجاورة في مختلف الأقسام والمراكز والجامعات المساهمة في برامج وخطط البحث التابعة للمركز.
- ✓ إنشاء مركز عالي المستوى لتطوير الدراسات العليا وكذلك البحث والتوثيق في حقل الملكية الفكرية وحقوق المؤلف والحقوق المجاورة.

ثالثا: كلية الهندسة (19 أغسطس 2001 إلى 13 يوليو 2002 - 329 يوماً)

مجتمع كلية الهندسة غير متجانس بصورة عظمى إذ يضم الكهول والشيوخ والشباب والمراهقين ومن يتصارع مع المراحل الاخيرة من الطفولة، كما وأن هذا المجتمع متغير بطبيعة تكوينه على مدار العام. من ثم تصعب إدارته بطريقة مثلى ووفق المعايير والضوابط الادارية اللائقة. ومما يزيد من صعوبة الوضع التدخلات الخارجية والداخلية السياسية والاجتماعية والثقافية بالإضافة لتنازع السلطات بين أفراده حسب التطلعات والتوجهات وربما عناصر أخرى متداخلة وشديدة التشابك. بفضل من الله سبحانه وتعالى ثم بعون منقطع النظير من كافة الاخوة والأخوات العاملين بالكلية من أساتذة ومدرسين وفنيين وتقانيين وإداريين وعمال وطلاب انجزت الأعمال والمشاريع التالي:

الإنشاءات والبنى التحتية:

- ✓ وضع خطة العمل السنوية والخماسية، وبناء القاعات الدراسية وقاعات الاجتماعات والمؤتمرات وتجهيزها، وتشييد الورش العملية والتطبيقية والمعامل وتحديث معداتها وآلياتها وتأمين احتياجات المعامل وللورش والأقسام من

المعدات والأثاثات والأجهزة والأدوات المكتبية وتوفير السترات الواقية والمعاطف وصناديق الإسعافات الأولية للعاملين بها لأغراض الحماية والسلامة المهنية، وبناء مكاتب الأساتذة والموظفين والاداريين وتجليس الهيئة التدريسية والتدريبية والموظفين وإكمال الأثاثات المطلوبة، وتوسعة مكاتب الإدارة والحسابات وبهو الاستقبال، وتأمين مبنى الإدارة وقاعات المحاضرات ومعامل الحاسوب وصيانة المصارف الصحية وتحديثها، وتشييد مقلعد الطلاب في مناطق تجمعاتهم ومجالسهم، وصيانة أحواض حفظ المياه أعلى البنايات، نشر التكييف، استجلاب وتوزيع صناديق القمامة المتحركة، وزيادة التوليد الكهربائي أو عبر مشاريع بحثية للطاقة البديلة، وإنشاء مظلات السيارات، والاتفاق مع الجهات الناقلة بالولاية لتكثيف وجود الحافلات والمركبات العامة عند خروج الطلاب من الدراسة، واستقطاب جهات تجارية لتوفير مستلزمات الطالب الدراسية بأسعار مناسبة. وإكمال استراحة الطالبات والأساتذة، وإعادة تأهيل دورات المياه وإعداد وسائل إرشادية لحسن الاستخدام والأداء، وإنشاء البوابات، وتأهيل العمائر، وانشاء شبكة داخلية للحواسيب ووحدة الوسائل السمعية والبصرية ووضع شبكة الألياف الضوئية لها مع خدمات الإنترنت عن بعد وشراء عدة أجهزة ووسائل عرض بصرية من أجهزة عرض شفافيات وشرائح وبيانات لفائدة العملية التعليمية والتعلمية بالكلية، وزيادة أسطول الكلية من السيارات، وتأهيل المكتبة العامة ومكتبات الأقسام التقليدية والإلكترونية ومدها بالمراجع والمصادر وأمهات الكتب، والإنارة الكلية، وتوفير الأجهزة المعينة لوحدة الحسابية، ولهيئة تطوير مركز الخرطوم وتجميل العاصمة لرصف المنطقة شمال وجنوب الكلية خارج أسوارها وربما تنجيلها وتشجيرها وإزهارها، وتشييد مظلات للطلاب، والتفكر في تنظيم طرق ترحيل العاملين بالكلية وفق خطط واضحة ومدروسة تفيد المستفيدين وتخدم مصالح السيارات الناقلة وفق جداول الصيانة الدورية والعامة لها، وبرمجة مفلتيح الأبواب والمداخل.

- ✓ استقطاب الدعم المادي والعيني واللوجستي والفني للكلية، ولتدريب العاملين، والجوائز العلمية للطلاب المتميزين، ورحلات الطلاب المهنية وتأهيل الخريجين من عدة جهات ومحاور منها على سبيل المثال لا الحصر: وزارات الصناعة،

والري والموارد المائية، والشئون الهندسية، والعلوم والتقلنة، والطيران، والتربية والتعليم، والطاقة والتعدين، والعمل والإصلاح الإداري، والبيئة والتنمية العمرانية، وشركة أين العالمية، وشركة جياد الهندسية، وهيئة تطوير مركز الخرطوم وتجميل العاصمة، ومجلس ولاية الخرطوم، واتحاد المهندسين الولائي، والدار الاستشارية لتطوير الخرطوم، والهيئة السودانية للمواصفات والمقاييس، والمجلس القومي للذكر والذاكرين، والمجلس القومي لتعليم الكبار ومحو الأمية والمراكز المتخصصة، والهيئة القومية للطرق والجسور، والبيوتات الخاصة الهندسية، والجهات الخيرة ، وبعض بيوتات الخبرة المحلية، وصندوق دعم الطلاب، ومؤسسة التربية للطباعة والنشر، ومؤسسة شهيرة للنشر، وإيثار للنشر والطباعة، وطلعت للنشر.

- ✓ اكمال البيانات الإحصائية والمعلوماتية بالكلية، والإعلام والعلاقات العلمة لصحيفة المهندس وصحيفة التكنولوجيا، وحصر الهيئة التدريسية وفق الإمكانات والمواهب والتخصصات والإنجازات والوصف الوظيفي والسير الذاتية لوضع الخطط الكفيلة بترقية الأداء وبناء القدرات والتنمية البشرية والاستفادة القصوى من الإمكانات الأكاديمية والقدرات البحثية والإجازات السبتية والعبء التدريسي ، النظر في مكافآت الساعات الزائدة والإضافية والامتحانات وغيرها لوضع الخطط الكفيلة بالتطوير والتحديث والتقليل منها لما فيه فائدة العملة التعليمية والتعلمية بالكلية، إيجاد بدائل مناسبة تغطي احتياجات الأرشيف المتعلق بالمكاتبات والأوراق الثبوتية والشهادات والنتائج وغيرها مما يجب حفظه والعض عليه بالنواجذ لما فيه منفعة الكلية ومنع التزوير.

o ***الشئون الأكاديمية:***

- ✓ إصدار الدلائل للمقررات الدراسية والهيئة التدريسية والادارية، والوصف الوظيفي والضوابط الإدارية، وضوابط منح الجوائز العلمية، وضوابط ونظم إدارة معامل وأجهزة الحاسوب في الكلية، وضوابط الإبداع العلمي والابتكار المهني، وضوابط التحويل الداخلي والخارجي والقبول للنضوج والخبرة، والسجل الأكاديمي للطالب (ليضم البيلنات العلمة الأساسية والاجتماعية عن الطالب، والدرجات المتحصل عليها في كل مساق دراسي

حسب جلوسه لامتحانه والمعدل السنوي والنسبة المئوية للمعدل النهائي والمعدل التراكمي والتقدير العام؛ لضبط الأداء الأكاديمي وتوثيقه ومساعدة استخراج الشهادات الأكاديمية حال إكمال الطالب لدراسته، أو استخراج الشهادات الأكاديمية عند الحوجة والضرورة التي تقتضيها إجراءات التسجيل والتحويل والتغيير وغيرها)،

- ✓ إعداد استمارات متخصصة تضم الطلبات الأكاديمية للطالب، وتقصي الحقائق في مخالفات لوائح الامتحانات، وتسجيل الطلاب الجدد والقدامى وحاملي المواد، وتقديم الجلوس للامتحان من الخارج، والتسجيل المتأخر، والمصروفات الدراسية، والتقديم الداخلي لشهادة التخرج، وطلب حضور المؤتمرات والندوات، وخلو الطرف، ومراقبة المركبات وأسطول الكلية، وطباعة كميات وفيرة من شهادات التخرج واستمارات التسجيل.
- ✓ التنسيق والاندماج مع الوزارات والشركات والمؤسسات والجهات الهندسية لتحقيق أهداف التعليم والتدريب المرحلي التطبيقي وما بعد التخرج والخدمة مع كل من وزارة الري والموارد المائية ووزارة الصناعة، ووزارتي الصحة الاتحادية والولائية.
- ✓ استقطاب المنح لتدريب وتأهيل أعضاء هيئة التدريس في تخصصات مختلفة للمنح الداخلية والخارجية،
- ✓ زيادة اعداد الفنيين المتخصصين، وتعيين المتميزين من أعضاء الهيئة التدريسية، والسعي مع الجهات ذات الصلة لاستقطاب التخصصات النادرة من جمهورية مصر العربية وماليزيا وجنوب أفريقيا والعراق وسوريا لتخصصات الهندسة الطبية الحيوية والطيران والجلود والبلاستيك والنفط،
- ✓ متابعة قضية الاعتراف بالكلية من قبل المجلس الهندسي مع اللجنة المختصة وتوفير مطلوباتها،
- ✓ مشاركة الكلية في اللجان والمجالس داخل الجامعة وخارجها، وعضوية كل من: المشاركة العالمية للماء GWP، والمجلس العربي لتدريب طلاب الجامعات العربية، والمجلس الهندسي السوداني، والجمعية الهندسية السودانية، ووزارة التربية والتعليم الاتحادية، والمجلس الاستشاري لوزارة الطاقة والتعدين، والمجلس العلمي لأكاديمية كرري للتقانة، والهيئة

السودانية للمواصفات والمقاييس، ووزارة العمـــل والإصـــلاح الإداري، ووزارة الثقافة والسياحة، وجمعية المهندســـين المعمـــاريين الســـودانية، ووزارة التعليم العالي والبحث العلمي، ومجلس الوزراء، ووزارة العلـــوم والتقانة، وعدة لجان ومجالس بالجامعة.

- ✓ إعداد مشروع المركز الوطني للإدارة البيئية والإنتاج النظيف لصناعات الزيت والغاز National Center for environmental management & Cleaner Production for oil & gas industries بالتعاون مع جامعة قوبكن Gubkin Russian State University of oil & gas تحت لواء قسم هندسة النفط، إعداد مشروع المعهد العالي للسلامة والأمـــن الصـــناعي، إعـــداد مشروع إنشاء فرع المركز للـــدولي للأبحـــاث والتـــدريب لتكنولوجيـــا المطارات والطيران المدني مشاركة بين المركـــز للـــدولي لتكنولوجيـــا المطارات والأبحاث وللتـــدريب والطيـــران المـــدني ووزارة الطيـــران والجامعة،
- ✓ فتح المجال للقبول على نظام 3-3 للطلاب على النفقة الخاصة لتوســـعة موارد الكلية حسب قرارات مجلس العمداء عند إجازته الميزانية، وقدتـــم القبول بمباركة من مجلس الكلية ومجلس العمداء وفق شروط محددة.
- ✓ المشاركة في المؤتمرات وورش العمل والندوات العالمية والمحلية، وقيام أسبوع المهندس، ودورة القيادة والتغيير، ودورة الرخصة العالمية لقيـــادة الحاسوب لكبار مسئولي وزارة التعليم العالي والبحث العلمي والجامعـــة، والرسم الهندسي، وعقد دورات تدريبية متخصصة للمسجل والحســـابات والمكتبة، و ICDL لرخصة قيادة الحاسوب العالمية لمســـاعدي للتـــدريس وأعضاء الهيئة التدريسية،
- ✓ الشروع في إنشاء دهليز ومعرض للعرض للـــدائم للمنتجـــات الطلابيـــة المعمارية بالتعاون مع بعض الشركات وبيوت الخبرة في مجال العمارة.

o ***البيئة الجامعية:***

- ✓ تكوين لجنة بيئة العمل وتجميل الكلية (بلجانها المصغرة للنظافة، والحدائق وتنسيق المواقع، والمياه والصرف الصحي، ومتابعـــة تنفيـــذ القـــرارات، والتخطيط والتعمير، والميزانية)، وتشجير الكلية بغرس مئات من الأشجار

المثمرة والظلية الظليلة وإيصال المياه لها ووضع التربة المناسبة لها وتنجيل الميادين والمسطحات الخضراء، وتحديد مولقف السيارات للأساتذة والعاملين، وإزالة الأنقاض والأوساخ والحجارة المكسرة، واستجلاب مبردات المياه للطلاب وإنشاء مبردات الطوب.

- ***المنشورات والإصدارات***

✓ إصدار وتسجيل مجلة الهندسة والتقلنة المجلة العلمية المحكمة المتخصصة نصف السنوية، ودليل كلية الهندسة، والوصف للوظيفي والضوابط الإدارية لكلية الهندسة، وصحيفة المهندس الثقافية الاجتماعية التعليمية المتخصصة.

✓ ترجمة كتب: المشاركة العالمية للماء انطلاقة نحو الأمن المائي: إطار للعمل، والإدارة المتكاملة لموارد الماء.

✓ إصدار صحيفة المهندس الثقافية الاجتماعية التعليمية المتخصصة التابعة لصحيفة التكنولوجيا لتكثيف الإعلام الهندسي والاستقطاب للكلية وإبراز دورها الريادي في الجامعة والمجتمع.

- ***المخازن والمهمات***

✓ الشروع في جرد ممتلكات المكاتب والأقسام والورش وتحديد المسئولية وفق الاستمارات القانونية الضابطة بوساطة فريق السيد الكناني.

✓ ضبط الشراء وفق الاحتياجات والميزانية المجازة.

✓ إعداد ميزانية الكلية وفق رؤى واحتياجات الخطط الموضوعة المنطقية.

✓ وضع استمارات تسهل العمل المخزني وتضبطه لما فيه الفائدة المستمرة والمتابعة والتأكد من وجود المطلوب دوماً.

- ***الشئون الاجتماعية والثقافية***

✓ وضع صناديق اقتراحات للعميد بمبنى الإدارة، والمكتبة، والعمارة جنوب الإدارة، وورشة الكهرباء، ومكتبة النقابة، ومجمع النسيج للوقوف على مقترحات وآراء العاملين والطلاب لتطبيق الجيد المفيد منها والتعرف على الآراء والأفكار وغيرها.

- ✓ الاتفاق مع وزير الثقافة والسياحة لبناء مسرح الطلاب الأكاديمي الاجتماعي والثقافي في موقعه بالكلية لتطوير القضايا الثقافية والإعداد والتأهيل لجمهور الطلاب من الكتاب والأدباء والشعراء والخطباء وغيرهم.
- ✓ الكتابة لمنظمة الملكية الفكرية WIPO لإنشاء كرسي الوايبو للملكية الفكرية كجهد مشترك بين كلية الهندسة ووزارة الثقافة والسياحة وكلية التكنولوجيا والتنمية البشرية ومركز البحث العلمي والعلاقات الخارجية بالجامعة وفق مقترح كامل وشامل معد باللغتين العربية والإنكليزية.
- ✓ محاولة إيجاد صيغة تفاهم للعمل السياسي والاجتماعي والثقافي وسط الأحزاب الطلابية وفق "ميثاق نبذ العنف والحفاظ على استقرار الجامعة" للتعايش السلمي والعمل الجماعي وتنظيم الإبداع.

رابعا: المجلس القومي لرعاية الثقافة والفنون

تجربة الثقافة والاعلام تمثل التنوع الثقافي والاحيايي والجتماعي في السودان العريض في زمانه. ؟أما مجالسة صناع القرار الثقافي الحاليين والسابقين من الوزراء والوكلاء والامناء ورؤساء الكيانات والوحدات واللجان الثقافية والاعلامية فقد اخذ وقتا كبيرا وجهدا عظيما وعملا شاقا عسيا كما وان ارضاء الجهات المختلفة والمتنازعة صعب المنال. ؟أخيرا اثمر الحوار ونجح الاستماع والاستذكار والتدارس فصقلت الرؤى وبانت الرسالة واتضحت الاهداف فاعانت على استقطاب المعينات. تبين أن في هذه الزاوية من الصناعةباب مفتوح للثروة وطريق سالك للغنى وقيمة مضافة للتنافس العالمي وفلئدة جد كبيرة للدولة ان وضعت في قائمة الاولويات السياحة الثقافية والتسويق الحضاري والاعلام والاعلان التثقيفي ةالبحث العلمي حول حوار الثقلفات وحوار الاديان وحوار الحضارات وحوار التاريخ. مجالسة خليط الشعراء والادباء والمسرحيين والفنانين والكتاب والعازفين والموسيقيين واصحاب الحرف الثقافية وصناع الادوات الاعلامية وعمال الكينات التثقيفية ساهم في تحديد الأهداف وتعديل الرؤى وتركيز الرسالة للمجلس القومي لرعاية الثقلفة والفنون. فكانت الفكرة منادية للترابط المهني الثقافي وفق لستراتيجية جديدة

للثقافة ركائزها التصنيع الثقافي ورفع الوعي المجتمعي وصهر الثقافة والعلوم والتعليم في بوتقة موحدة. ادت الفكرة لرفع تصور لكرسي اليونسكو للثقافة والعلوم ومركز الملكية الفكرية للبحث العلمي الثقافي بالاستفادة من مشروع الخرطوم عاصفة ثقافية حينئذ ومن ثم جذب العقول الجامعية والنهى البحثية المفكرة وصناع الثقاة واعلام الاعلام للرفعة الوطنية والنهضة الحضارية ونقل الامة لحقبة التعايش السلمي والتآزر المجتمعي والتعاطف الوجداني والابداع الجماهيري.

- اعادة صياغة الرؤية والرسالة والأهداف وضوابط العمل.
- وضع استراتيجية الثقافة العامة وثقافة الطفل والمرأة.
- حصر المكتبات والدور والمطابع والاندية والمنتديات ودور الثقافة والاطلاع والفكر والمسرح والخيالة وتفعيل دورها.
- تفهيل دور المجلس وفق ضوابط تكوينه وبناء على الاستراتيجية الثقافية للدولة وربطه مع الاتحادات والكيانات المثيلة وذات الصلة (الكتاب والفنانين والتشكيليين والشعراء والادباء والمسرحيين والاذاعيين والاعلاميين وكل اوجه الحراك الثقافي المجتمعي العام والخاص داخل القطر وخارجه).
- محاولة قيام جمعية الثقلفة والفنون بقطاعاتها المختلفة للطلاب والجمهور العريض وذوي الاحتياجات الخاصة وغيرهم.
- محاولة قيامم المركز الانتاجي للمنتجات الثقافية وايجاد قيم مضافة لتسويقها والتفرد بها محليا واقليميا وعالميا.
- قيام المنتدى الأسبوعي والاشراف على محاوره للتي ضمت: استراتيجية الإحياء الثقافي، والتصنيع الثقافي بين الحاضر والمستقبل، والشعر في خدمة قضايا التنمية، وحوار الثقافات، والقصة والوعي الثقافي القومي، حقوق المؤلف والعولمة، والثقافة السودانية في إطار العولمة والمعلوماتية، والدراما السودانية: المشاكل والحلول، وتنسيق جهود الكيانات الثقافية، والتأهيل والتدريب الثقافي، والأخطاء اللغوية في الإذاعة والتلفزيون، والبحث العلمي الثقافي، والمنتجات الثقافية لمعالجة الفقر، وتداخل الخرافة والتراث والدين، وحوار الأديان،

والطب الشعبي الثقافي، وظاهرة اللغة السوقية في الجامعات وأسلوب معالجتها، والموسيقي ورفع الوعي الثقافي، والغناء للتوعية الثقافية، والمعامل الثقافية الريفية، وتاريخ تطور الثقافة السودانية والنظرة المستقبلية، وثقافة الطفل في الريف السوداني.

خامسا: أكاديمية السودان للعلوم،

انبثقت فكرة أكاديمية السودان للعلوم على هدي الجانمعة المفتوحة ببريطانيا والمشاركة العالمية للمياه لتقوم على هيكلية خفيفة وكيان وظيفي مصغر من حفنة قليلة من قادة العمل لتعظيم الاستفادة من جمهور الباحثين المؤهلين في المؤسسات البحثية والمراكز والهيئات البحثية ومؤسسات التعليم العالي العامة والخاصة والمدارس الفنية والمهنية والحرفية وقطاع التعليم والتدريب الفني والمهني داخل القطر وخارجه بعد قيام مشاركات وشراكات تفيد وتستفيد بحيث توزع الموارد والريع والاصول على هذه المؤسسات، وتعتمد الهيئات البحثية والتدريسية والتدريبية والادارية بها للاتحاد الفدرالي للاكاديمية بالاضافة لما تمتلكه من معامل ومخابر ومدارس ودور ومزارع وحقول وغيرها من المعينات اللوجستية والعينية والاصول. من ثم وضعت استراتيجية البحث العلمي مستنبطة من الاستراتيجية القومية الشاملة للتعليم العالي والبحث العلمي الصناعي والزراعي والانتاجي والتجاري ومستندة على تطلعات القطاع الخاص المهني والحرفي والفني وغيرها وذلك وفق اعتماد الاكاديمية حاضنة لبحث العلمي تعينها الشراكات المحلية والاقليمية والعالمية للتركيز على البحث العلمي التطبيقي والبحث المستند على البرهان لتعظيم القيمة المضافة للمنتجات المهنية والصناعات القومية والثقافية باستغلال عقول طلاب الدراسات العليا والبحثيت المتفرغين. وعملت الاكاديمية لنشر التقانات المنتجة والمجازة عبر لجان التقلنات الزراعية والصناعية والثروة والانتاج الحيواني وعكفت على بيعها وتسويقها والاعلام والاعلان عنها عبر منظومة النقطة التجارية الاكاديمية توأم النقطة التجارية الصناعية التابعتين للنقطة التجارية السودانية. وتمهيدا للاعتراف العالمي وضبط الجودة فقد سعت الاكاديمية لقيام الكراسي البحثية باشرتها بكرسي اليونسك لنقل التقلنة عبر المجلس الصناعي في منظومة الاكاديمية.

يعول من قيام الأكاديمية على وضع نموذج مؤسس لدور البحث العلمي في التقدم الصناعي والحرفي والزراعي والاجتماعي والثقافي والاقتصادي والخدمي عبر خطط التنمية

والتخطيط الاستراتيجي في شراكة بين الدولة والقطاع الخاص، مما يؤهلها لتكون المرجع العلمي والتقني الأكثر تأهيلاً في الدولة. وضع القيمة "كن الأكاديمية، تكن عالم المستقبل" و الرسالة "قائدة البحث والتطوير". جاء إنشاء هذه الأكاديمية لتساهم في تعضيد وتقوية مسيرة التأهيل والتدريب والبحث العلمي والمساهمة الفاعلة في بناء للقدرات والتنمية البشرية، ولزيادة وتوسيع قاعدة إنتاج التقانات المرتبطة بقضايا التنمية من خلال البحث العلمي التطبيقي وتدريب المدربين. تسعى الأكاديمية لنشر ثقافة البحث العلمي والتطبيقي وتفعيل نتائجه للجمهور المستفيد عبر برامج البحوث والدراسات العليا من خلال مجالسها بالاتحاد للفدرالي، وعبر مدارس المزارعين والصيادين والرعاة والحرفيين والتكنولوجيين.

الأهداف لوشائج التآزر

ضمت أهداف الأكاديمية التالي

- ربط البحث العلمي مع المشاكل والاحتياجات الفعلية للتنمية
- الإسهام في رفع الكفاءة البحثية والتعليمية والإدارية والإنتاجية
- توفير سبل البحث العلمي المادية والمعنوية واللوجستية لأمام الأطر العلمية الوطنية الرائدة.
- صقل إمكانيات الهيئة التدريبية والبحثية والتدريسية، والتدريب الحقلي الفعلي للباحثين داخل المراكز البحثية.
- الإسهام في تطوير الدراسات العليا وإعداد الأطر المؤهلة، وتوظيف الإقبال المتزايد للدراسات العليا للإسهام في حل المشاكل والقضايا الوطنية والاستفادة من الكفاءة الذهنية وعقول الشباب أثناء أداء الدراسات العليا وتجويد البحث العلمي التطبيقي، وتشجيع التكاتف والتعاون والتنسيق حول البحوث العلمية التطبيقية.
- الإسهام في تقديم الاستشارات الفنية والمهنية المتخصصة ووضع الحلول العلمية للدولة والقطاع الخاص.
- الإسهام في رسم السياسات العلمية والتكنولوجية والاقتصادية للدولة.
- تشجيع الابتكارات والاختراعات والبراءات من قبل الطلاب والباحثين لإنتاج التقانات الحديثة وتطويرها وتوطينها.

- توفير فرص التأهيل العالي في التقانات المتقدمة والضرورية للتنمية التي تتوفر مواردها البشرية والمعملية مثل تقانات: الطاقة الذرية، والمنتجات البيولوجيـــة، والطاقة الشمسية، وإنتاج الأمصال الدوائية، ومكافحة الحشرات الضارة ونواقل الأمراض، والتقانات الصناعية المتعددة،...الخ.
- القيام بدور وطني ريادي للتفاعل مع المجتمع وترقية الحس للـــوطني وللـــوعي القومي لأهمية العلوم والتكنولوجيا.
- إعداد جيل من الباحثين والأساتذة المقتدرين والأطر التقنية للعمل في المشـــاريع البحثية المجازة وزيادة الإنتاجية لإنتاج التقانات وتطويرها ونقل المفيـــد منهـــا وتلبية احتياجات السوق من التعليم الفني والتقني وترقية الأداء.
- العمل على تطوير أواصر العلاقات العلمية مع الأكاديميات الأخرى في العالم.
- إيجاد مستودع لتجميع المعلومات والبيانات البحثية والمعلوماتية.
- المساهمة في توفير التمويل اللازم والمستدام لأغراض البحث العلمي.
- زيادة أعداد الباحثين بالدولة للتماشي والمعايير العالمية.
- تجليس الباحثين داخل المراكز البحثية وانتشار المشاريع البحثية التطبيقية في ما يزيد عن 55 في مدن السودان في كافة الولايات عبر المحطـــات والمراكـــز الإنتاجية والبحثية.
- الاستفادة من الكفاءات السودانية المهاجرة والمغتربة في مجالات البحث العلمي والتدريب الحقلي.
- زيادة النشر والإنتاج الأكاديمي للبحوث التطبيقية في الإطار المحلي والإقليمـــي والعالمي.
- توفير الأموال للبنى التحتية وزيادة موارد البحث العلمي لفائدة المنظومة البحثية.
- تكامل البحوث المتفردة والمنفردة لخدمة التنمية.

<u>فدرالية التكوين والتحالفات</u>

- الاتحاد الفدرالي متاح لانضمام الهيئات والمراكز والوحدات التابعـــة لكيلنـــات أخرى من القطاعين العام والخاص بالداخل والخارج ويضم: مركـــز البحـــوث والاستشارات الصناعية، والمركز القومي للبحوث، وهيئة البحوث الزراعيـــة، وهيئة بحوث الثروة الحيوانية، وهيئة الطاقة الذرية السودانية، ودائرة البحـــوث الاقتصادية والاجتماعية، ودائرة بحوث الطاقة وعلوم الأرض، والمركز القومي

للدراسات الدبلوماسية، وهيئة الأرصاد الجوية، والمعمل المركزي، والمركز القومي للعلاج بالأشعة والطب النووي. تعيين الاتحاد الفدرالي للأكاديمية من: بحوث العلوم الحيوية والتقانات الحديثة والبيئية (الدراسات البيوطبية والحيوية، دراسات التقانات الحديثة، دراسات البحوث البيئية، التصحر والأراضي الجافة، بدائل الأسمدة والمبيدات الكيميائية، دراسات التلوث البيئي، التقانات الحديثة في رصد التغيرات البيئية، درء الكوارث، تنمية الموارد الطبيعية غير المستغلة، التشريعات والمؤسسات البيئية، تغيير المناخ، التصميم الحضري)، والبحوث الزراعية (تربية النبات (وسائل حقلية وتقلنات حديثة)، إنتاج المحاصيل، المحاصيل البستانية، المراعي والعلف، الهندسة الزراعية، الغلبات، وقلية المحاصيل، علوم وتكنولوجيا الأغذية، الأراضي والمياه، الدراسات الاقتصادية والاجتماعية، التقانات الحيوية)، وبحوث الثروة الحيوانية (البحوث البيطرية (صحة الحيوان)، إنتاج اللقاحات، تربية الحيوان، بحوث تغذية الحيوان، بحوث الأعلاف، بحوث الإنتاج والتصنيع، دراسات ومسوحات الحياة البرية، بحوث المصائد الطبيعية للأسماك، التصنيع)، والبحوث الهندسية والتقانات الصناعية (التقانات الصناعية: النباتات الطبية والعطرية، العمليات الصناعية، التقلنة الحيوية والأحياء المجهرية، تقانة المعادن، الصناعات الكيميائية، تقانات تصنيع وضبط جودة الأغذية، الطاقة والبيئة، تقانات الزيوت والحبوب الزيتية، تقلنة المياه، تكنولوجيا الجلود. البحوث الهندسية: الذكاء الصناعي، تصميم وتصنيع المعدات الزراعية، تنمية وتطوير صناعة المعدات الزراعية، الهندسة النسيجية، المعدات الطبية والمعملية، الاستشعار عن بعد في مجالات الأرصاد الجوي، الصناعات الإلكترونية وبناء للدوائر المختلفة، هندسة الحاسوب، تقنية المعلومات، تنمية وتطوير الصناعات المغذية لصناعة السيارات)، والطاقة الذرية (الكيمياء الحيوية، الفيزياء الإشعاعية، الكيمياء التحليلية، برامج كيمياء التشعيع، الكيمياء الإشعاعية، هندسة الإلكترونات)، والطاقة وعلوم الأرض (التحويل الحراري للطاقة الشمسية، التحويل الكهربائي للطاقة الشمسية، طاقة الكتلة الأحيائية في الدراسات التالية، طاقة الرياح وللقوى الملئية الصغيرة، الدراسات الاقتصادية ونقل التقانة وتطويرها، المياه، النفط، الطلقة التقليدية، الجيولوجيا)، والدراسات الاقتصادية والاجتماعية والإنسانية (النزوح والهجرة

الداخلية. التنمية النسوية. الآثار الاقتصادية والاجتماعية للهجرة الخارجية ولمرض الإيدز وأوبئة المناطق الحارة ولاكتشاف النفط واستغلاله. الاقتصاد السياسي لاكتشاف واستغلال النفط. أثر الانضمام لمنظمة التجارة العالمية على الصادرات السودانية، والاستيراد، والخدمات وتصدير التقلنة وتوطينها. اقتصاديات القطاع غير المنظم. دراسات تحرير أنشطة القطاع الخدمي (الصحة والتعليم). إدارة كفاءة المعلومات. السودان ما بعد السلام. اقتصاديات المحاصيل النقدية (الصمغ العربي، الحبوب الزيتية، القطن...ألخ). أسواق المال في ظل منظمة التجارة العالمية. استخدام النظم الإدارية الملائمة لمواكبة متطلبات المتغيرات الكلية. دراسات تربوية ونفسية. رعاية الموهوبين. التقنيات الرقمية والحوسبة في الإدارة المالية والمحاسبة)، وتقانة المعلومات والاتصال (تقلنة المعلومات: صناعة العتاد الإلكتروني. البرمجيات. الصناعة الإلكترونية. تصميم منتجات تقانة المعلومات. النظم المتكاملة. الصيانة. خدمات إدارة المؤسسات. وشبكات الاتصال: الشبكات (الجيل القادم).السعات العريضة واللاسلكية. الشبكات المتجمعة. شبكات المصارف. شبكة المعلومات الدولية (الإنترنت). الاتصال الريفي. الأمن الرقمي. قواعد البيلنات. نظم الإدراج والاستدعاء. المكتبات الإلكترونية)، والعلوم السياسية والدبلوماسية (الشئون الدبلوماسية والعمل القنصلي، العلاقات العامة والأتكيت البرتوكولات، الدراسات الدبلوماسية، قضايا التنمية والسكان، حقوق الإنسان والاتفاقيات، الدبلوماسية الشعبية، النظم المعلوماتية، منظمات المجتمع الدولي، فض النزاعات، كيفية إعداد البحوث)، وتنمية المجتمع (دورات تدريبية قصيرة الأجل في المجالات التي تشملها برامج الأكاديمية، وفي مجالات أخرى حسب الاحتياجات التنموية ومقتضيات التطور العلمي وتنمية القدرات والمجتمع).

- استقطاب الحلفاء من: معهد تكنولوجيا المعلومات الهندي I^2T، ومؤسسة التعليم الحديث العالمي والتعليم التقني العالمي بجمهورية مصر العربية، وشركة تقنيات المكتبات بدولة الإمارات العربية المتحدة، وجامعة المأمون بدولة الإمارات العربية المتحدة، والتعاون العلمي وللتدريب مع المركز للقومي لبحوث وتكنولوجيا الإشعاع – مصر، واتحاد الغرف الصناعية ، ومعهد أيوتا الأسترالي للتكنولوجيا، وأكاديمية العالم الثالث، والمركز القومي للأبحاث الجيولوجية–

مصر، وجامعة السودان المفتوحة وكرسي اليونسكو للمرأة، والوكالة السـويدية لتطوير التعاون الدولي، ومؤسسة تعليم اللغة الفرنسية عبر الانـترنت، وكليـة النصر التقنية، ومركز تدريب المرأة بالسعودية.

- تكوين الاكاديمية من: مجلس الأكاديمية (بلجنتيه للشئون التنفيذية والمالية والمنح الدراسية) ومجلس الأساتذة (بلجانه للامتحانات المركزية والشـئون الأكاديميـة والقبول والتسجيل والبحوث والنشر) ومجلس المدير (بلجانه العلميـة والماليـة والإدارية والمكتبة والإعلام والعلاقات العامة والنشر)، ومجلس الشئون العلمية، ومجلس الوحدات الإدارية، واللجان الاستشارية (لجنة التعيينـات المركزيـة، ولجنة الجوائز العلمية، ومنتدى الأكاديمية) ولجان الوحدات الادارية (الحواسيب والتواصل العلمي، واللجنة المالية والإداريـة، وإدارة قاعـات الاجتماعـات، والشئون الطلابية والتدريب). أهداف منتدى الأكاديمية تضم التالي:

✓ إقامة المؤتمرات والندوات والحوار وورش العمل والدورات التدريبية للتدريب أثناء العمل وغيرها من المناشط الأكاديمية في إطار التدريب المستمر.

✓ تنظيم المؤتمرات والندوات العلمية المتخصصـة لطلاب الماجسـتير والدكتوراه المسجلين بالأكاديمية أثناء فترة التسجيل وتحقيق مطلوبات الأكاديمية قبيل امتحان الأطروحة لإبراز المواهب العلمية من الطلاب والمبدعين.

✓ تسليط الضوء علي القضايا الحيوية التي تهم الرأي العام المحلي وتبيان النظرة العلمية للقضية الجوهرية المطروحة من قبل الإعلام أو القطاع الصناعي والتجاري وغيره من جهات الاختصاص بالقضـايا البيئيـة والاجتماعية والإنتاجية والإدارية مما تهتم به الأكاديميةمـن مناشـط بحثية وأكاديمية.

✓ ربط الأكاديمية بالنقاط التجارية المحلية والعالمية.

✓ تنظيم الحوار العلمي والفكري الإلكتروني عبر "برمجيـات حـوار الأكاديمية" وشبكة الأكاديمية الإلكترونية والشبكات ذات الصلة.

✓ عرض نتائج البحوث ونتائج اللجان المؤقتة والفرعية.

✓ تفعيل المعارض العلمية والعرض الهيلوجرامي.

- ✓ تفعيل التلفزة الإلكترونية لنتائج البحوث العلمية وتسليط الأضواء علي القضايا البحثية ونقل المعرفة والتقانة لما وراء الأكاديمية.

- ✓ المشاركة في المناشط الإرشادية الزراعية والبيطرية والإنتاج الحيواني والحرفية والهندسية والصناعية وعكس نشاطات الأكاديمية في المجال البحثي والصناعي والحرفي..

- ✓ تنمية وتطوير العلاقات بين كافة المجالس في الاتحاد الفدرالي بالأكاديمية.

- ✓ مناقشة القضايا ذات الأولوية والأهمية العلمية لخدمة كلفة قطاعات المجتمع من أجل التنمية المستدامة.

- ✓ استقطاب علماء من داخل السودان ومن خارجه للمشاركة بالمنتدى.

- ✓ تقديم البراءات الصناعية والحرفية التي تنبع من الأكاديمية للجمهور.

- ✓ تدعيم الوعي التكنولوجي والتقني لدى المجتمع السوداني.

- ✓ تدعيم التنسيق والتكامل بين المؤسسات والمنظمات السودانية لتحقيق التواصل وتعظيم الإستفادة من الإمكانيات المتاحة وخاصة في مجال التكنولوجيا والتقنية.

- ✓ توفير بوابة رئيسية للإتصال بالمعلومات التكنولوجية والتقنية على المستوى المحلي والإقليمي والعالمي.

- ✓ ترويج خدمات المعلومات التقنية والتكنولوجيا بأسلوب علمي سليم.

- ✓ المساهمة في تنمية الموارد البشرية في مجال التكنولوجيا والبحث العلمي.

- ✓ المساهمة في حل القضايا المتعلقة بالتكنولوجيا مع وضع الحلول العلمية والنظرية والتطبيقية لها.

- ✓ الترويج للأكاديمية محلياً وإقليمياً وعالمياً.

- ✓ تنمية المشاريع الإقتصادية.

- ✓ ربط الأكاديمية بالمنتديات الأكاديمية المثيلة المحلية منها والإقليمية والعالمية.

- ✓ عكس مخرجات التجارب والبحوث والمشاريع الأكاديمية والعلمية والتكنولوجيا المستدامة محلياً وعالمياً.

- ✓ متابعة القضايا التي تهم الإقتصاد والتنمية الوطنية.

بناء القدرات والتنمية البشرية

- ضمت برامج الكورسات التدريسية في مجلس البحوث الهندسية والتقلنات الصناعية للدبلوم التقني والماجستير التقني (الدراسات الهندسية: التصميم الهندسي الميكانيكي وإمدادات الطاقة الكهربائية وإنتاجها وهندسة التعدين. التقانات الصناعية: إمدادات الطاقة الكهربائية وإنتاجها وتكنولوجيا المياه الجوفية والتبريد والتكييف والإنتاج الأنظف وتكنلوجيا الجلود)؛ وفي مجلس بحوث الثروة الحيوانية (الدبلوم العالي والماجستير في الحياة البرية وللدبلوم العالي والماجستير في الأسماك والدبلوم العالي والماجستير في الإنتاج لبحوث ودراسات الثروة الحيوانية. والدبلوم العالي والماجستير في صحة الحيوان)، ومجلس البحوث الزراعية (الدبلوم العالي والماجستير في تكنولوجيا الأغذية)، ومجلس الدراسات الاقتصادية والاجتماعية والإنسانية (للدبلوم العالي والماجستير في إدارة الأعمال للدراسات الاقتصادية، والدبلوم العالي والماجستير في رعاية الموهوبين والدبلوم العالي في إدارة المكاتب وأعمال السكرتارية للدراسات الاجتماعية)، والدبلوم العالي والماجستير في الطاقة المتجددةفي مجلس الطاقة وعلوم الأرض، والدبلوم العالي في العلوم النووية وماجستير الفيزياء الطبية في مجلس الطاقة الذرية، ومجلس العلوم الحيوية والتقلنات الحديثة والبيئة (العلوم الحيوية: الأحياء المجهرية في طب المناطق الحارة وعلم المناعة في طب المناطق الحارة والأنثروبولوجيا الطبية. والتقلنات الحديثة: ماجستير التصميم الحضري والدبلوم العالي والماجستير في الاستشعار عن بعد والدبلوم العالي في علم المواد وماجستير الفلزات وماجستير هندسة الالكترونات. والدراسات البيئية: المناخ والأرصاد الجوي والإدارة المتكاملة للموارد المائية وهندسة المخلفات وإدارتها)، والعلوم السياسية والدراسات الدبلوماسية (للدبلوم العالي والماجستير في العلاقات الدولية)،
- مجلس برامج تنمية المجتمع بأكاديمية السودان للعلوم يهدف إلى ترقية أداء الأطر المجتمعية وبناء القدرات البشرية بكل مستوياتها وزيادة مقدراتها الفكرية والعلمية والإنتاجية ورفع كفاءتها دفعاً لعجلة التنمية بالبلاد. ويؤدي المجلس

رسالته عبر استهداف كل قطاعات المجتمع باختلاف مستويات أفراده التعليمية وفئاتهم العمرية وحصر وتحليل مجالات التدريب التي تحتاجها الأطر العاملة في القطاعات الإنتاجية والخدمية المختلفة. ويعمل المجلس لتحقيق التالي:

- تصميم وإعداد البرامج التدريبية المناسبة لتلبية احتياجات الأطر المستهدفة.
- رعاية برامج الدورات التدريبية والندوات وورش العمل وتنفيذها.
- تكثيف البرامج المشتركة مع مؤسسات المجتمع المدني ومجالسه ومنظماته في إطار تنمية المجتمع.
- تدريب المدربين التكنولوجيين.
- نقل العلوم والمعرفة وتوطينها.
- تطوير التكنولوجيا المحلية.
- المساعدة في اكتشاف التقانات السودانية والابتكارات العلمية والاختراعات والمساعدة في تسجيلها محلياً وإقليمياً وعالمياً.
- إكساب المهارة العلمية والتكنولوجية للمتدربين.
- المساهمة في بناء القدرات والتنمية البشرية لقطاعات متخصصة.
- الإرشاد المهني والتكنولوجي والعلمي المتخصص.
- التشابك العلمي والفني التقليدي منه والالكتروني والافتراضي مع المجالس والمنظمات والجهات ذات الصلة.

- يعد المجلس سلسلة من الدورات التدريبية، والمؤتمرات المتلفزة، وللورش العملية، والتجارب الحقلية المعملية، وللندوات المتخصصة، والمحاضرات العلمية، والمؤتمرات التكنولوجية بالتضامن والتنسيق والتعاون المطلق مع كل من مجالس الأكاديمية ضمن منظومة اتحادها الفدرالي، ومؤسسات التعليم العالي والبحث العلمي المحلية والإقليمية والعالمية، والمجالس المهنية (الهندسي، والبيطري، والزراعي، والطبي، والمهن الطبية المساعدة)، ووزارة الرعلية الاجتماعية (مشروع الخريج المنتج) وإدارة كليات تنمية المجتمع بإدارة التعليم التقني بوزارة التعليم العالي والبحث العلمي. وتطرح الأكاديمية مشروع تنمية المجتمع وبناء القدرات عبر الوسائل التقليدية النمطية (السمعية والبصرية .... الخ)، والمؤتمرات المتلفزة، والدراسة عن بعد، والتعليم المفتوح، وشبكة

الانترنت حسب طبيعة البرنامج وأطر تنفيذه عبر منتدى الأكاديمية .أقام المجلس علاقات متميزة مع الجهات المهنية والجامعات والمؤسسات البحثية مثل:

- وزارة الرعاية الاجتماعية (مشروع الاستخدام المنتج لتشغيل الخريجين).
- إدارة كليات تنمية المجتمع بهيئة التعليم التقني (وزارة التعليم العالي والبحث العلمي).
- الجمعية الهندسية السودانية.
- الهيئة القومية للاتصالات.
- اتحاد مجالس البحث العلمي العربية.
- الشبكة الوطنية للثقافة والتعليم والتدريب.
- جامعة السودان المفتوحة.
- شركة شيكان للتأمين وإعادة التأمين المحدودة.
- جهات أخرى ذات الصلة.

• أهم الدورات التدريبية التي يشرف عليها المجلس تتمركز حول: الهندسة الزراعية (في مجال التقانات الزراعية)، وشبكات الحاسوب وبرامجه المختلفة، ومحو الأمية في الحاسوب، ورفع القدرات باستخدام الحاسوب، ورفع كفاءات المهندسين المدنيين والمعماريين، والفنون (التصوير الطباعي، ونظام المطبوعات الشامل، وطباعة الأُفست، والطباعة الحريرية، والخزف، والنحت)، وتدوير النفاية، ودراسات الجدوى، وتقويم المشروعات، وإدارة مؤسسات التعليم العالي، وتصميم البحوث العلمية، وإدارة البحث العلمي وتمويله، وتطوير التخاطب باللغة الإنجليزية، وتعلم اللغة الفرنسية وتطوير التخاطب بها، وإدارة المكاتب للقيادات والموظفين والإداريين، والعلاقات العامة والإعلام والمراسم والبرتوكول، وتنمية المهارات الإدارية، وفن التفاوض، وإعادة التشجير في السودان، وصيانة وتشغيل محطات معالجة مياه الصرف الصحي، وصيانة وتشغيل السيارات الحديثة، وبرنامج التحليل الاحصائي، ورفعقدرات أساتذة مرحلة الأساس، وتدريب المدربين، ومحو الأمية وغيرهامن البرلمج ذات الصلة.

- تنمية المجتمع وبناء القدرات بأنواعه المقترحة: تنمية المجتمع (الغذاء والتغذية والدراسات البيئية والدراسات الدينية والصحة والثقافة الجمللية والأعمال اليدوية والتفصيل)، و تنمية المجتمع لنقل التكنولوجيا (الحرف الصغيرة والصناعات الصغيرة والملكية الصناعية والتجارة الدولية والتقلنات البيئية وحاضنات المشروعات الصغيرة والإنتاج الأنظف)، وتنمية المجتمع للطاقات البديلة (الطاقة الشمسية والطاقة والكتلة الحية وطاقة الرياح والقوى المائية)، و تنمية المجتمع للإنتاج (تكنولوجيا الأغذية والثقافة الجمالية والإنتاج الزراعي والإنتاج الحيواني والرعوي والإنتاج الغابي والثقافة المهنية)، و تنمية المجتمع لتكنولوجيا المعلومات (صيانة الحواسيب والأجهزة الإلكترونية والذكية والعتاد الإلكتروني والبرمجيات الحاسوبية والمدن التكنولوجية والدهاليز الإلكترونية و تنمية المجتمع عبر الإنترنت)، وتنمية المجتمع للتسويق المهني والتجارة الالكترونية (التسويق الإلكتروني وأسواق تنمية المجتمع والثقافة الجمللية والمواقع والصفحات الالكترونية والتجارة العالمية)، و تنمية المجتمع للدبلوماسية والعلاقات العامة (إدارة المكاتب والسكرتارية، وإدارة الأعمال، والإعلام الكتروني، والعلاقات الدبلوماسية)، و تنمية المجتمع لتكنولوجيا التشييد (تشييد المباني، والرسم الإنشائي، وإدارة وتنظيم المشروعات، وتكنولوجيا الخرسانة، وتصدع المنشآت، والصيانة والإصلاح، وتقديرات التشييد، وتصميم الإنشاءات)، و تنمية المجتمع للبيئة (الإسلام والتربية البيئية، وحماية البيئة، وقضايا البيئة، والتنمية المستدامة، ومبادئ السلامة المهنية، وحماية البيئة والتصحر (المشكلات والحلول) ، والمشكلات البيئية ومعالجتها، والنفايات الخطرة، وتلوث التربة والحد منه). وتدريب المدربين (لحملة درجة البكالوريوس فما فوق عبر التدريب المستمر) في مجالات: صيانة الحاسوب الشبكات، والتوثيق الآلي باعتماد الشبكة العالمية، وإدارة كفاءة المعلومات، وتصميم منتجات تقانة المعلومات، ودراسات المكتبات الإلكترونية، ودراسات الشبكات (الجيل القادم)، وتطوير نظم الدراسة عن بعد، والحوسبة في الإدارة المالية والمحاسبة، وتقانات الأجهزة الطبية، وتطوير صناعة استخلاص المعادن في السودان، وخدمات المعادن الصناعية، وضبط الجودة وطرق حفظ الجلود، والتوليد الكهربائي الحراري، وإنتاج وتجميع الخلايا الشمسية، وإنتاج

البيوغاز للاستخدام المنزلي والمجتمعات الريفية، وتصنيع الأدوية والعطور والنباتات الطبية، وتقنية الاستشعار عن بعد واستخدامها في استصلاح الأراضي، وتكنولوجيا الألبان واللحوم، وضبط الجودة والمواصفات والتقييس، وتطوير التقانات الموروثة، وتحسين وتطوير طرق التعليب، ومعالجة التلوث البيئي، وإنتاج المبيدات الحيوية واستخداماتها، وإدارة المخلفات وتدويرها، ودراسات التلوث الكيميائي والصناعي، وبرامج تغيير المناخ، والطاقات المتجددة والبديلة، ودراسات التربة واستصلاح الأراضي، ودراسات إنتاج المحاصيل، وفلاحة وفسيولوجيا المحاصيل العلفية، وتحسين وفلاحة أشجار الغابات، وتطوير القطاع المطري التقليدي والحديث، واستخدام تقانة التشعيع في البولميرات، واستخدام تقانة التشعيع في حفظ المواد الغذائية وتعقيم المواد، والأبحاث التقنية في الوقاية من الإشعاع، ومكافحة الوبائيات، والمناعة والتقنية الحيوية، وأبحاث السيليولوز والمواد الليفية الأخرى، ومكافحة الأوبئة والأمراض في الإنسان، واستخدام التقانات النووية والأحياء الجزيئية في تشخيص ودراسة ومكافحة الأمراض المتوطنة، وأمراض الحيوان، وتطوير تشخيص أمراض الحيوان وإنتاج اللقلحات، ومكافحة لمراض حيولنات الصادر، وكيفية إعداد البحوث، وإعداد القواعد البيليوغرافية، وعلوم المكتبات، وتقنية نظم المعلومات الجغرافية، والتقويم السريع للمشاريع، ودراسات التنمية النسوية، والشئون الدبلوماسية والعمل القنصلي، وحقوق الإنسان والاتفاقيات، ومنظمات المجتمع الدولي، ودراسات الملكية الفكرية والصناعية. وفي الهندسة المدنية (تقدير كميات، وتشييد المباني سابقة الصنع، وري وبذل، وصرف صحي، وميكانيكا تربة، ومياه شرب، وتحليل إنشاءات، وطرق، وحماية البيئة، و تصميم الإنشاءات الخرسانية وتطبيقاتها، وتصميم الإنشاءات الحديدية وتطبيقاتها، وتكنولوجيا الخرسانة وتصميم الخلطات الخرسانية، والتفصيلات الإنشائية والمعمارية واشتراطاتها)، وفي هندسة العمارة (تكنولوجيا المباني، وخدمات مباني، وعلوم عمارة والتحكم البيئي، ورسم معماري، وبرلمج الحاسوب الهندسية)، وفي المساحة (مساحة أرضية ومساحة جوية ومساحة رسم خرط)، وفي الهندسة الكهربائية (توليد كهرباء ونقل وتوزيع كهرباء وتوصيلات كهرباء وآلات وأجهزة كهربائية)، وفي الهندسة الالكترونية

(أجهزة إلكترونية واتصالات رقمية واتصالات تماثلية وأجهزة تحكم وحاسوب وأجهزة قياس ومعدات وأجهزة طبية)، وفي الهندسة الكيميائية (تصنيع غذائي وتصنيع أدوية ودباغة جلود وتصنيع سكر)، وفي الهندسة الميكانيكية (سيارات وقدرة حرارية ومحركات طائرات وهياكل طائرات وهندسة بحرية وآلات زراعية وآليات ثقيلة وتبريد وتكييف)، وفي الهندسة الانتاج (لحام وحدادة وسبك معادن وتشكيل بالقطع ولحام وحدادة)، وفي المنسوجات (غزل ونسيج وتريكو وأصباغ وطباعة منسوجات وآلات غزل ونسيج وصناعة ملبوسات)، وفي النفط والتعدين (حفر وتكرير نفط ومكامن وتعدين).

- بناء القدرات والتنمية البشرية للتدريب المستمر يشمل: الحوسبة الإدارية والمالية، والحاسوب وتنمية المجتمع، وأرقمة الوثائق، وتقلنات التعدين، وتقانات صناعة الزجاج، وطرق تعليب اللحوم، وتقانات الصناعات المتوسطة والصغيرة، وتقانات توزيع الكهرباء، وتصنيع الأدوية والعطور والنبلتات الطبية، والخدمات وتصدير وتوطين التقانة، وتدريب المدربين في مدارس المزارعين والرعاة والحرفيين، واستخدام المواقد المحسنة، وتطوير أعمال المكاتب والسكرتارية، وتدريس العلوم المستحدثة في المدارس الثانوية، ودراسات رعاية الموهوبين، وإدارة الأعمال، وإدارة الأداء، والتنمية الإدارية والقيادية، وادارة الموارد البشرية، والاتصال الجماهيري والعلاقات العامة.
- التدريب المتخصص (فرع المجلس الهندسي، والطبي، والبيطري، والزراعي) غطى: طبي وبيطري (المناعة والتقنية الحيوية، وأحيائية ناقلات الأمراض ومكافحتها، وأمراض نقص المعادن والتسمم المعدني والنباتي والميكروبي، وبحوث وإنتاج المنتجات الحيوية لتشخيص الأمراض، والتحسين للوراثي للسلالات الحيوانية السودانية، ودراسات حفظ وضبط جودة منتجات الأسماك)، وزراعي (الدراسات الدوائية للنباتات الطبية والعطرية، وفسيولوجيا الإجهاد النباتي، واختبارات القطن، وميكنة المحاصيل الحقلية والبستانية، ومبادئ علم الأجناس الطبي)، وهندسي وصناعي (اقتصاديات إنتاج المياه النقية وهندسة وإنتاج المياه الصحية، وعمليات الفصل الصناعية في التصنيع التجريبي والتجاري، وإنتاج بروتين أحادى الخلية و إنتاج المشروم، وتدعيم دقيق الخبز ببروتينات كسب الزيوت النباتية، والصناعة البتروكيميائية، وإدارة المواد

الخطرة)، وبيئية (إنتاج المبيدات الحيوية واستخداماتها، والأسمدة الحيوية والميكروبية، واستخدام الأحياء المجهرية في معالجة الملوثات الكيميائية، وبرامج تغيير المناخ، وإنتاج الفحم من المخلفات الزراعية)، والطاقة (ضخ المياه بالطاقة الشمسية، والاستفادة من المخلفات كبديل للطاقة)، والمعلومات (قواعد البيانات، ونظم الإدراج والاستدعاء، وشبكة المعلومات الدولية (الإنترنت)، وشبكات المصارف)، وتقانات حديثة (تطبيقات تقانات الفضاء في التخطيط العمراني، وتطبيقات تقانات الفضاءفي إدارة الموارد المائية، والدراسات الجيوفيزيائية البحتة والتطبيقية، ونظم المعلومات الجغرافية وقواعد البيانات، والخريطة السيزموتيكتونية للسودان)، والذرية (القياسات البيئية الإشعاعية)، ودبلوماسية وسياسية (فض النزاعات، والشئون الدبلوماسية والعمل القنصلي).

- للربط مع الجامعات ومؤسسات التعليم العالي وضعت كورسات متخصصة ضمت: مدخل في العلوم النووية، ومدخل في علم المناعة، ومدخل في علم الأحياء المجهرية، ومدخل في التصميم الهندسي الميكانيكي، ومدخل في التبريد والتكييف، ومدخل في تكنولوجيا المياه الجوفية، ومدخل في الإنتاج الأنظف، ومدخل في إمدادات الطاقة الكهربائية وإنتاجها، ومدخل في علم المناخ وعلم الأرصاد الجوي، ومدخل في هندسة المواد، ومدخل في هندسة التعدين، ومدخل في الفيزياء الطبية، ومدخل في علم الأجناس الطبي، والعلوم الإدارية، والإحصاء (تصميم التجارب، تحليل البيانات) ، واللغة الإنكليزية العلمية، وطرق كتابة البحث، وإعداد التقارير العلمية وطرق العرض، ومبادئ الحاسوب، واللغة الفرنسية، واللغة العربية، والإدارة المتكاملة للموارد المائية، والحاضنات الصناعية وحاضنات المشروعات الصغيرة، والأمن الصناعي والسلامة المهنية، والمناعة وصحة المجتمع، وحقوق الإنسان والاتفاقيات، ومنظمات المجتمع الدولي، والتثقيف المعلوماتي، والتثقيف الصحي، والتسويق، والتجارة الدولية، والإدارة المتوسطة، والمحاسبة المتوسطة، وترقية أداء العاملين في المهن البسيطة(الحلاقين، عمال المطاعم، الخياطين،...للخ) ، ورسم إنشائي وتفصيلات وتقنيات الخرسانة المسلحة ، وتطوير الحرف والصناعات الصغيرة(النجارة، الحدادة، ..الخ) ، وتطوير تقلنات لستخدام

الأسمدة الطبيعية، والتلوث البيئي، وإعادة استخدام المياه العادمة، ومكافحة أوبئة وأمراض المناطق الحارة، ونظم المعلومات الجغرافية، والصناعات الجلدية، والبناء قليل التكاليف، والمردود الاقتصادي للتجارة الدولية، وبدائل المبيدات، ودور الإعلام في نقل التقانة، وتصميم منشآت حديدية، وحصاد المياه، ونظم الري الحديث، وإدارة مياه الحقل، والمكافحة المتكاملة للآفات على نطاق المزرعة، وإنتاج بذور الخضر المحلية، وأثر الحرب والصراعات على المرأة والطفولة، وسبل تطوير المهارات النسوية في الريف

<u>التخطيط البحثي</u>

- وضعت الأكاديمية من خلال خطة الدولة المجازة للبحوث العلمية خطة للخمس سنوات القادمة توضح البرلمج والمشاريع المتلحة للبحوث والدراسات العليا. تضم محاور الخطة التالي:
  ○ الأمن الغذائي (الزراعي، الثروة الحيوانية)
  ○ الصحة والبدائل الطبية (صحة الإنسان، النباتات الطبية والعطرية، الطب الشعبي، تطبيقات الطب النووي والعلاج بالأشعة على صحة الإنسان، الكيماويات والعقاقير
  ○ حماية الموارد الطبيعية والبيئة (بدائل المبيدات الزراعية، استخدام الموارد الطبيعية المحلية، استخدام الموارد الطبيعية المحلية)
  ○ إدارة الموارد الطبيعية
  ○ بحوث الطاقة وعلوم الأرض
  ○ البحوث الصناعية والتكنولوجية (البحوث الهندسية، البحوث الصناعية، تكنولوجيا الأغذية، تكنولوجيا القطن، المباني والمساكن)
  ○ تطبيقات التكنولوجيا الحيوية
  ○ تطبيقات التقانات الحديثة
  ○ البحوث الاقتصادية والاجتماعية والإنسانية
  ○ نظم وإدارة المعلومات
  ○ دراسات المناخ والأرصاد الجوي.

- خطة البحث العلمي للدراسات العليا: الهدف من اعداد الخطة البحثية لخمس سنوات لتوفير نظرة ثاقبة في استراتيجية البحث والتطوير للتنفيذ من خلال مؤهلات طلاب الدراسات العليا داخل تقاطع الاتحاد الفدرالي وخارجه. وتهدف هذه خطة البحثية للتنفيذ دلخل مؤسسات الاتحاد الفدرالي للاكاديمية وكذلك برامج بناء القدرات الفريد من نوعه للأهداف. مجالات مثل الأمن الغذائي وصحة الإنسان، والطلقة، وإدارة الموارد الطبيعية والتأثيرات الاجتماعية والاقتصادية تمثل جوهر خطة البحث التي توفر مجموعة واسعة من الفرص لمؤهلات الدراسات العليا في الاكاديمية على مدى فترة خمس سنوات. هذه الخطة تتكون من البرامج والمشاريع ذات الصلة لقدرات والتطوير والتنمية البشرية والبحوث التطبيقية. تعالج البرامج أولويات التنمية والمصلحة الوطنية وفقا للمبادئ التوجيهية للخطة الاستراتيجية الوطنية لمدة 25 عام. تتوخى الاكاديمية الحاجة لتطور الأيدي العاملة الماهرة والمدربين تدريبا عاليا في مجالات: الأمن الغذائي وإدارة الموارد الطبيعية، وتحسين الحياة الاجتماعية، وتعزيز التنمية الاقتصادية، وتحفيز الاندماج الوطني، ونقل التكنولوجيا وتطويؤها، وربط البحوث بالتنمية، وتدريب الأطر الفنيي المؤهلة. الهدف من خطة البحث يمكن تحقيقه عن طريق الباحثين وطلاب الدراسات العليا من المؤسسات الأخرى، سواء في السودان أو من الخارج ضمن برلمج التوأمة مع الاكاديمية وبروتوكولات الاتفاق المشتركة. هذه الخطة البحثية الخمسية للدراسات العليا تشبه جزء تلك المستخرجة من خطة البحث التي وضعتها وزارة العلوم والتكنولوجيا، وهيئة البحوث الزراعية، وهيئة البحوث الحيوانية، والمركز القومي للبحوث، ومركز البحوث والاستشارات الصناعية، وهيئة الطاقة الذرية، وهيئة البحوث الاقتصادية والاجتماعية، وهيئة الطاقة وعلوم الأرض، والمركز الوطني للدراسات الدبلوماسية، وهيئة الأرصاد الجوية السودانية، والمختبر المركزي والاتحادي الفدرالي للاكاديمية والتقاطعات المشتركة. هذه الخطة البحثية لتحديد المجالات البحثية الواعدة لطلاب الدراسات العليا، ومساعدة الطلاب والمشرفين على التركيز على المشاريع التنموية، وتجنب الازدواجية في المشاريع،

وتحديد تقاطعات المشاريع الشاملة، وتعظيم استخدام العقل لحل المشاكل المتعلقة بقضايا التنمية، وتعزيز المشاريع التنموية في القطاعين العام والخاص.

النشر والاعلام

- أنشاء دار أكاديمية السودان للنشر والتوزيع وسلاسل اصداراتها التي تضم:
  - ✓ سلسلة دلائل الأكاديمية (تعني بنشر دلائل الأكاديمية الطلابية والإدارية الصادرة من رئاسة الأكاديمية أو المجالس المختلفة والبرامج البحثية المتخصصة والوحدات الإدارية أو الفنية والمهنية.)
  - ✓ سلسلة القوانين واللوائح (تختص بنشر القوانين واللولئح والنظم الأساسية الأكاديمية والإدارية الحاكمة للعمل، والامتحانات، وتسيير الأداء، وغيرها.)
  - ✓ مدونات الأكاديمية (تعني بالنشر العلمي غير المحكم للمعارف والمراشد العلمية والفنية والمهنية والصناعية والخيال العلمي.)
  - ✓ سلسلة الأوراق العلمية
  - ✓ سلسلة الكتب العلمية والمنهجية (تنشر فيها الكتب العلمية و المنهجية والمرجعية المحكمة في كافة التخصصات في الإطار التقليدي أو الإطار الإلكتروني حسب توصية المجالس الأكاديمية.)
  - ✓ سلسلة البحوث والدراسات العلمية (تنشر فيها البحوث العلمية المحكمة والدراسات المنهجية والأطروحات الجامعية المجازة والموصي بها من قبل جهات الاختصاص.)
  - ✓ المجلات العلمية المحكمة: مجلة أكاديمية السودان للعلوم (مجلة علمية محكمة متخصصة في كافة فروع العلوم بالأكاديمية تشمل البحث العلمي والتطبيقي والدراسات البحثية والأوراق الخلفية والمذكرات الفنية، التي تسهم في تطور العلم والتكنولوجيا. يحررها نخبة ممتازة من العلماء والباحثين.)، ودورية البحوث والدراسات الإنسانية (مجلة علمية محكمة متخصصة في العلوم الاجتماعية والاقتصادية والانسانية تشمل البحث العلمي والتطبيقي والدراسات

البحثية والأوراق الخلفية والمذكرات الفنية. يحررها نخبة ممتــازة من العلماء والباحثين من الأكاديمية واتحاد مجالس البحث العلمــي العربية.).

✓ سلسلة المذكرات الفنية الدراسية (تنشر فيهـا المــذكرات الفنيــة الدراسية ومشاريع الكتب التأسيسية للمعـارف ونقـل التكنولوجيـا وتوطينها.)

✓ سلسلة الندوات والمؤتمرات (تنشر فيها الأوراق العلمية المقدمة في النــدوات المتخصصــة والمــؤتمرات العلميــة وورش العمــل والمحاضرات العامة وما ماثله.)

✓ سلسلة إصدارات ومنشورات الأكاديمية (تعني برصد النشر العلمي بالأكاديمية وبالاتحاد الفدرالي والمؤسسات العلمية ذات الصلة.)

✓ إصدارة الأكاديمية المتخصصــة (تصـدر عـن إدارة الاتصــال الجماهيري بأكاديمية السودان. تعني بالنشر الصــحفي وأخبار الأكاديمية(أكاديمية واجتماعية) والاتحاد الفــدرالي بهــا وقضــايا الإعلام والإعلان للأكاديمية، كما تهدف للتعاون مع رصيفاتها حول العالم. العدد الأول من المجلة، صدرت منها أربعة أعداد.)

✓ مطبقات الأكاديمية (تعني بالإصدارات والمنشورات فــي صـورها المبسطة من رئاسة الأكاديمية أو الاتحاد الفدرالي للمجالس المختلفة في إطار المطبقات والصور والرسومات والملصقات وغيرها. وقد صدر منها ما يربو على الأربعين مطبقاً)

✓ جريدة الأكاديمية التي تهدف للإعلان والإعلام عن الأكاديمية ونشر إنجازاتها في كافة المجالات البحثية والعلمية والأكاديميــة والفنيــة والاجتماعية والثقافية، وتوثيق المناســبات الخاصــة بالأكاديميــة والتعريف بخططه المستقبلية وعرضها على الجهات المثيلة للتعاون المتبادل، وتغطية المقالات والرؤى البحثية للجريدة التي تخدم تطور البحث العلمي وتقديمة، وإبراز قدرات وإبداعات الجمهور للــداخلي للمؤسسة والرفع من روحهم المعنوية من خلال التنويه لمناســبتهم الاجتماعية والأكاديمية ومنا شطهم العلمية والتعريف بها.

- الاستفادة من مدارس الأكاديمية لتطبيق التقانات البحثية، والإرشاد الحقلي، ورفع الوعي، والبحث العلمي. انبثقت فكرة مدارس الأكاديمية لتأخذ من معين مدارس الحرفيين والصيادين والمزارعين والرعاة والصناعيين والتكنولوجيين لأركان وزارة العلوم والتكنولوجيا، ولتستفيد من إرث التعليم الفني والمهني بوزارة التعليم العام، ولتنهل من نبع التلمذة الصناعية والتدريب المهني للتابع لوزارة العمل، ولتستعين بإنجازات كليات تنمية المجتمع بوزارة التعليم العالي والبحث العلمي ولتستفيد من مخرجات الدبلوم الوسيط بمؤسسات التعليم العالي والبحث العلمي. ويتوقع أن تفعل بالتعاون مع اتحاد أصحاب العمل واتحاد الحرفيين والغرف الصناعية واتحاد المقاولين واتحاد المزارعين وغيرهم من الاتحادات المهنية والمنظمات الطوعية ومنظمات المجتمع المدني.
- كلية تنمية المجتمع النموذجية المقترحة لتنمية المجتمع المتخصصة للرجال والنساء والأطفال (كلية تنمية المجتمع النموذجية المقترحة) عبر الكورسات القصيرة وورش العمل والندوات والمؤتمرات والمحاضرات والحاضنات (حاضنة الأعمال والصناعة، والتكنولوجيا، والأقطاب التكنولوجية، والقطاع المحدد، وبناء المشروعات، والأعم الغير التكنولوجية) ومدارس الأكاديمية. وقد اقترح اعداد مراشد على نسق مراشد تنمية المجتمع بوزارة التعليم العالي والبحث العلمي (مرشد المعلم لمنهج الغذاء والتغذية ومرشد المعلم لمنهج البيئة ومرشد المعلم لمنهج الصحة ومرشد المعلم لمنهج الثقافة الجمالية والأعمال اليدوية والتفصيل ومرشد المعلم لمنهج الدراسات البيئية) لتحوي: تنمية مجتمع لنقل التكنولوجيا (مرشد الحرف الصغيرة ومرشد الصناعات الصغيرة ومرشد الملكية الصناعية والتجارة الدولية ومرشد التقانات البيئية ومرشد حاضنات المشروعات الصغيرة ومرشد الإنتاج الأنظف)، وتنمية المجتمع للتسويق المهني والتجارة الالكترونية (مرشد التسويق الإلكتروني ومرشد أسواق تنمية المجتمع ومرشد الثقافة الجمالية ومرشد المواقع والصفحات الالكترونية ومرشد التجارة العالمية)، وتنمية المجتمع للدبلوماسية والعلاقات العامة (مرشد إدارة المكاتب ومرشد السكرتارية ومرشد إدارة الأعمال ومرشد الإعلام الكتروني ومرشد العلاقات الدبلوماسية)، وتنمية المجتمع للطاقات البديلة (مرشد الطلقة الشمسية ومرشد الطاقة ومرشد الكتلة الحية ومرشد البيئة ومرشد طاقة الرياح

والقوى المائية)، وتنمية المجتمع للإنتاج (مرشد تكنولوجيا الأغذية ومرشد الثقافة الجمالية ومرشد الإنتاج الزراعي ومرشد الإنتاج الحيواني والرعوي ومرشد الإنتاج الغابي)، وتنمية المجتمع لتكنولوجيا المعلومات (مرشد صيانة الحواسيب والأجهزة الإلكترونية والذكية ومرشد العتاد الإلكتروني ومرشد البرمجيات الحاسوبية ومرشد المدن التكنولوجية والدهاليز الإلكترونية و مرشد تنمية المجتمع عبر الإنترنت).

o لإجازة ونشر وتسجيل التقانات المنتجة والمستحدثة استفادت الاكاديمية من مجالسها المختلفة لتجاز التقانات المنتجة من المعامل والمختبرات وللورش والحقول والحاضنات من الجهات التالية: لجنة إجازة التقانات الزراعية (الأصناف، الآفات والأمراض، الفلاحة، الأغذية) ولجنة إجازة التقلنات الصناعية. التركيز على إجازة البرامج البحثية الواعدة لإنتاج التقلنات والابتكارات وتطوير التكنولوجيا المحلية الملائمة وتوطينها، وزيادة الإنتاجية (مثل إنتاج اللقاحات والأمصال، ومكافحة الآفات، والحزم التقنية الزراعية، والمكافحة الأحيائية للبعوض، والقيمة المضافة للجلود، وتقلنات الإشعاع، وتكنولوجيا الطاقة المتجددة، ...الخ).

التسويق والانفتاح العالمي والقيمة المضافة

- مشروع نقطة التجارة الأكاديمية: تعد النقطة التجارية السودانية الدولية مركز تسهيلات تجارية يستخدم تكونولجيا المعلومات والاتصالات لخدمة التجار، ورجال الأعمال والمستثمرين والصناعيين والأكاديميين للخدمات والمعلومات والبيانات المتعلقة بالتجارة المحلية والدولية. وقد نبعت فكرة إنشاء النقطة التجارية الأكاديمية للمساهمة في ترويج وتسويق المنتجات الزراعية والحيوانية والصناعية والهندسية والتقانات الحديثة والاختراعات ودراسات الجدوى الاقتصادية والتي نتجت من البحوث الجارية بواسطة الطلاب والباحثين بمجالس الأكاديمية المختلفة، كما أن ذلك سيتيح للباحثين والأكاديميين الترويج العالمي للمنتجات والخدمات وإيجاد الأسواق والشركاء حول العالم عبر انضمامهم للدليل التجاري العالمي GTDS، وستكون النقطة المقترحة تحت اشراف نقطة التجارة السودانية.

- في باب النشاط الطلابي من المتوقع أن يمارس الطلاب من خلال وحـدة شئون الطلاب بالأكاديمية الأنشطة التالية: الأسـابيع الثقافيـة والأدبيـة (منتدى الأكاديمية ومنابره: يتكون المنتدي مـن منـابر علميـة تضـم: الاقتصادي الاجتمـاعي والصـناعي الحرفـي والسـلام و الاكـاديمي والحاضنات والمدن الالكترونية والموقع الإلكتروني و منـبر الأربعـاء الثقافي. تفعل المنابر وتبان منجزاتها في شكل محاضرات، أو ندوات، أو ورش عمل، أو بينال ثقافي، أو ركن نقاش، أو حوار مشترك، أو معرض (ثابت أو متحرك أو افتراضي)، أو نشر إلكتروني (الإنـترنت وشـبكة المعارف الدولية والنقاط التجارية وأسواق نقل التقانة) علي كافة محـاور الإعلام المقروءة والمسـموعة والمرئيـة والمحسوسـة.) والاجتماعيـة والرياضية واللقاءات الأكاديمية والعلمية وللـرحلات والقولفـل العلميـة وتنمية المجتمع وبناء القدرات.
- الجوائز العلمية للأكاديمية
  ○ جائزة أفضل أطروحة علمية: تقدم لأحسن أطروحة علمية، وتعطـى بناء علي توصية مجلس الممتحنين للأطروحـة وتوصـية مجلـس التنسيق المعني.
  ○ جائزة التميز العلمي: تقدم لأحسن طالب بناء علي النتائج الأكاديمية والأداء العلمي للطالب خلال العام الدراسـي المعنـي للكورسـات التدريسية.
  ○ جائزة الطالب المثالي: تعطي لأحسن طالب بناء علي تميزه الأخلاقي وتفرده في العمل الجماعي أو تفوقه الرياضي والبدني وهكذا.
  ○ جائزة البيئة: تعطي لأحسن طالب في أدائه الأكاديمي فـي العلـوم البيئية.
  ○ جائزة التقانة: تمنح للطالب صاحب الاختراع أو الابتكار التقنـي، أو مطور التقانة أو الموطن لها.
  ○ جائزة النشر العلمي: تقدم لأفضل ورقة علمية أو بحـث علمـي أو دراسة مقدمة ومنشورة في مجلة علمية محكمة.

- وحدة المؤتمرات التلفزة يستفاد منها في المحاور الآتية:

1. ندوات الطلاب: عرض الندوات والمحاضرات العلمية من خلال الوحدة.

2. أنشطة منتدى الأكاديمية: تبث كل نشاطات منتدى الأكاديميــة الأسبوعية والشهرية من خلال وحدة المؤتمرات المتلفزة بالأكاديمية.

3. أنشطة المجالس من الندوات والمحاضــرات وورش العمــل والمــؤتمرات العلمية لبرمجة بثها عبر الوحدة.

4. برامج ودورات تنمية المجتمع: يمكن نشر البرامج والدورات المختلفة التي يقيمها الطلاب والأساتذة المتخصصون.

5. النشاطات الداخلية للأكاديمية: كــل النشــاطات والمحاضــرات وللنــدوات الخاصة بالطلاب التي تقام داخل الأكاديمية يمكن أن تبث عبر الوحدة.

- احتضنت الأكاديمية الجمعيات الطوعية التالية: جمعية تقانة المياه وجمعية حاضنات المشروعات الصغيرة وجمعية أصدقاء العلوم الهندسية.

- عضوية الأكاديمية ضمت: اتحاد الجامعات السودانية، واتحاد الجامعات العربيــة، والمجلس القومي للتعليــم العــالي والبحــث العلمــي، ومجلــس وزارة العلــوم والتكنولوجيا، والشبكة الأفريقية للمؤسسات العلمية والتكنولوجية، واتحاد مجــالس البحث العلمي العربية، واتحاد الجامعات الأفريقية واتحاد الناشرين الســودانيين، واتحاد الناشرين العرب، والشبكة الافتراضية لمكتبات الجامعات السودانية و شبكة Cap-Net.

- رفع تصور لإنشاء معهد الترجمة لإثراء الفكر الإنساني والسوداني بنقل العلوم من لغة إلى أخرى لاستفادة طلاب البحث العلمي بالأكاديميــة، ومســاعدة الأكاديميــة للترجمة المطلوبة في منشوراتها وإصداراتها وما تحتاجهـمـن المعرفــة والعلــوم الإنسانية، والمشاركة في المؤتمرات والندوات العلمية وورش العمــل وحلقـات النقاش والحوار العلمي في مجال الترجمة والترجمة الفورية، وإجــراء البحــوث المفيدة لقضايا الترجمة عبر فرق البحث العلمي أو من قبل المتخصصين، وإجراء الدراسات العليا في مجال الترجمة، وسد النقص في تخصصات الترجمة.

- المشاركة الفاعلة في الشراكة السودانية لنقل المعرفة عبر المغـــتربين الســـودانيين SPaKTEN

12-مشروع ضوابط جمعية النشر العلمي الطلابية "مشعل" بمركز النشر العلمي[7]

أ.د.م.م. عصام محمد عبد الماجد - رئيس قسم المراجعة

من أجل نشر ثقافة النشر العلمي بين قطاعات الطلاب والخريجين من جامعة الدمام، وإزكاءاً لجذوة البحث العلمي الناضج والتطبيقي المرتبط بالتنمية، وتوثقا لنهج عمل الفريق، وتدريبا للطلاب في الأطر العلمية والعملية لنشر البحوث والرسائل والأطروحات العلمية والكتب وغيرها من المصنفات الفكرية والابداعية، ودعماً للتواصل الاجتماعي والثقافي والفكري، وتأكيداً لأهمية دور المركز في تنمية المجتمع والنهوض به، وإيماناً بأهمية مساهمة الطلاب في إثراء الحياة الإنسانية، تتكون جمعية النشر العلمي الطلابي "مشعل" تحقيقاً لهذه الأهداف النبيلة والسامية.

الفصل الأول: اسم الضوابط وبدء العمل بها

1. اسم الضوابط: تسمى هذه ضوابط " ضوابط جمعية النشر العلمي الطلابية بمركز النشر العلمي بجامعة الدمام للعام 2014م" ويعمل بها من تاريخ إجازتها والتوقيع عليها.
2. تفسير: في هذه الضوابط تكون للكلمات والعبارات الواردة فيها ذات المعاني الممنوحة لها في قانون مركز النشر العلمي ولوائحه وضوابطه، ما لم يقتض السياق معني آخر.

الجامعة يقصد بها جامعة الدمام.

المجلس العلمي يقصد به المجلس العلمي بالجامعة.

---

[7] أقترحت لمركز النشر العلمي بجامعة الدمام.

المركز	يقصد به مركز النشر العلمي.
العمادة	يقصد بها عمادة شؤون الطلاب بالجامعة
مشعل	يقصد بها جمعية النشر العلمي الطلابية بالمركز.
الرئيس	يقصد به رئيس مشعل.
المجلس	يقصد به مجلس إدارة المركز.
الجمعية	يقصد بها الجمعية العمومية لمشعل.
العضو	يقصد به من يحصل على انتماء لمشعل.
اللجنة	يقصد بها اللجنة التنفيذية المنتخبة من قبل الجمعية.
المصنف	يقصد به الكتاب المؤلف أو الكتاب المترجم أو الكتاب المعرب أو المخطوطة أو السِّفر المجاز من المجلس العلمي أو أي تصميم فني أو أي عمل أدبي أو مسرحي أو موسيقي أو لوحة أو زخرفة أو نحت أو تصميم أو رسم أو حفر أو صورة أو خطوط أو شريط تسجيل أو أسطوانة أو فيلم سينمائي أو خرائط أو قرص لدن أو أسطوانة مدمجة أو فلاش (عصا) ذلكرة أو ذلكرة محمولةلم يسبق تسجيله وفقاً للأحكام المتبعة.
المؤلف	يقصد به شخص أو أشخاص أو جهات أو مؤسسة طلب منها وضع مصنف أو قامت طواعية بتقديم مصنف للمركز ليتم نشر المصنف تحت اسمه أو منسوباً إليه بأية طريقة من الطرق المتبعة في نسبة المصنفات لمؤلفيها أو بطريقة تخترع في المستقبل ما لم يقم الدليل على خلاف ذلك.
حوار مشعل	يقصد به المقهى الإلكتروني والموقع الإلكتروني للحوار العلمي الجاد لمشعل.
منبر	يقصد به أحد منابر منتدى المركز للطلاب والباحثين والمثقفين وعلماء الأمة والمهنيين والفنيين والمهاريين.

الفصل الثاني: إنشاء مشعل ومقرها

3. تنشأ جمعية تسمى جمعية النشر العلمي الطلابية "مشعل" بمركز النشر العلمي وتجت رعاية عمادة ششؤو الطلاب وتكون لها شخصية اعتبارية.
4. يكون المقر الرئيسي لمشعل برئاسة المركز.

الفصل الثالث:أهداف مشعل

5. تعمل مشعل على تشجيع النشر العلمي دون حجر على رأي أو فكر في إطار الدين والمثل والأعراف والقانون ومراعاة الأسلوب الجيد الرصين مع توخي الموضوعية والتقيد بقواعد اللغة الرصينة، ويكون لمشعل الأهداف التالية:

1. التدريب على أطر النشر العلمي من تأليف وإعداد وتحكيم وتنقيح وتجويد ومراجعة وتحرير ونشر وطباعة وتوزيع وتسويق وبيع وتقويم ومتابعة
2. التثقيف حول الملكية الفكرية والتجارية وعقود النشر والطباعة والتوزيع وحقوق المؤاف والحقوق المجاورة.
3. ربط الطلاب والمركز والاطلاع على نظم للتأليف وشروط النشر ومستلزمات اعداد المصنف واكماله واللولئح الضابطة والمنظمة والمستحقات والمكآفات.
4. تهيئة المناخ الذي يساعد على التواصل بين الطالب والخريج والمركز بعضهم بعضاً.
5. مساعدة المركز في أدائه وتحقيق أهدافه.
6. إذكاء روح الانتماء وربط الطالب بالمركز.
7. استقطاب الدعم الفني والمادي والفني واللوجستي للمساهمة في دعم النشر العلمي الطلابي مع المركز.
8. المساعدة في تنمية ثقافة المجتمع حول النشر العلمي.
9. حفظ سجل متكامل للأعمال والانجازات وتحديثه بصفة دورية وبناء قاعدة معلوماتية عن النشر العلمي الطلابي بالمركز.
10. تنظيم وتقديم البرامج الثقافية والاجتماعية والخدمية لتنشيط النشر العلمي ودور المركز.

11. اقتراح سياسات لتشجيع التأليف والترجمة والنشر والتوزيع وسط جماهير الطلاب والمجتمع.
12. فتح التعاون مع الجمعيات والجماعات الشبيهة بمؤسسات التعليم العالي والبحث العلمي ودور النشر الأخرى واتحادات الجامعات للتي تنتمي الجامعة لعضويتها.
13. وضع النظم التي تحكم أعمالها.
14. نشر صحيفة أو جريدة أو اصدارة تثقيفية تعنى بمفاهيم النشر العلمي الطلابي وقضاياه وطرق تنميته والسمو به محليا واقليميا وعالميا.

الفصل الرابع: حوار مشعل

6. يهدف منتدى حوار مشعل إلى تحقيق التالي:-
1) إقامة المؤتمرات وللندوات والحوار وورش العمل وللدورات التدريبية وغيرها من مناشط المركز ومشعل في إطار التدريب المستمر وبناء القدرات والتنمية البشرية حول النشر العلمي.
2) تنظيم الدورات التدريبية للتدريب أثناء العمل والتوعية المجتمعية بالنشر العلمي.
3) تنظيم المؤتمرات والندوات العلمية المتخصصة لطلاب الماجستير والدكتوراه المسجلين بالجامعة لتدريبهم على النشر العلمي.
4) تسليط الضوء علي القضايا الحيوية التي تهم الرأي العام المحلي وتبيان النظرة العلمية للقضية الجوهرية المطروحة من قبل الإعلام أو القطاع الصناعي والتجاري وغيره من جهات الاختصاص بالقضايا البيئية والاجتماعية والإنتاجية والإدارية مما يهتم به المركز من مناشط نشر وترجمة وتعريب.
5) ربط المركز والعمادة ومشعل بالمنتديات العلمية الطلابية المحلية والإقليمية والعالمية.
6) ربط المركز والعمادة ومشعل بالنقاط التجارية المحلية والعالمية.
7) تنظيم حوار مشعل للنشر العلمي والفكري الإلكتروني عبر "برمجيات حوار المركز" وشبكة المركز الإلكترونية والشبكات ذات الصلة.

8) تفعيل المعارض العلمية والعرض الهيلوجرامي للنشر العلمي لمشعل.
9) تفعيل التلفزة الإلكترونية ووبكس لنتائج البحوث العلمية الطلابية وتسليط الأضواء علي القضايا البحثية ونقل المعرفة والتقانة لما وراء المركز ومشعل.
10) المشاركة في نشاط النشر العلمي الإرشادية للمجالات الزراعية والبيطرية والإنتاج الحيواني والحرفية والهندسية والمعمارية والصناعية والطبية والأدبية والدينية والثقافية والاجتماعية والاقتصادية والادارية والخدمية وغيررها من تلك المؤثرة على حياة الناس في محيط مشعل.
11) وضع الاستراتيجية العامة وخطة عمل منتدى حوار مشعل وتفصيلها.
12) الإشراف على أداء منتدى حوار مشعل وتقويمه.
13) اقتراح الوسائل الكفيلة بتطوير منتدى حوار مشعل والمركز.
14) التواصل مع وسائل الإعلام المختلفة للتعريف بالمنبر وعكس نشاطاته المختلفة من ندوات ومحاضرات ومؤتمرات وورش عمل وخلافه.
15) إصدار نشرات أو كتيبات أو مطويات تجمع النشاطات المختلفة التي نفذها المنبر بعد إجراء عمليات التنسيق والطباعة حسب ضوابط التأليف والنشر.
16) التعاون والتواصل مع جميع المنتديات والهيئات والمنظمات والجهات ذات الاختصاص والقيادات الإدارية والعاملين بمركز النشر العلمي والمنشآت الاستراتيجية العلمة والخاصة والمستثمرين والطلاب بالجامعات والمرحلة الثانوية والمواطنين والمقيمين من أجل طرح القضايا والهموم في اطار النشر العلمي.
17) إعداد تقرير (دوري) عن أعمال المنتدى يرفع للمديرة.
18) استقطاب الدعم والتمويل لتحقيق الأهداف وقيام البرامج حسب الخطة المجازة.

19) نشر ثقافة منتدى حوار مشعل والمركـــز دلخـل كيلنـــات الجامعـــة المختلفة وغيرها من المنابر العلمية[8] المتخصصة والطلاب الباحثين وناشئة العلماء وغيرهم.

20) إبراز المواهب العلمية من الطلاب والمبدعين.

21) نشر البراءات الصناعية والحرفية والتجارية وغيرها من تلك الـــتي تنبع من الجامعة وتنشر من قبل المركز للجمهور.

22) تدعيم التنسيق والتكامل بين المؤسسات والمنظمات بالمملكة لتحقيـــق التواصل وتعظيم الإستفادة من الإمكانيات المتاحة وخاصة في مجال نشر التكنولوجيا والتقنية.

23) الترويج للمركز محلياً وإقليمياً وعالمياً.

24) ربط المركز بالمنتديات المثيلة المحلية منها والإقليمية والعالمية.

7. أهم الوسائل لتحقيق أهداف حوار مشعل

تتعدد الوسائل والسبل المستخدمة والمستغلة لتحقيق الأهداف والتي تضم:

1. المحاضرات وللنـــدوات والمـــؤتمرات وورش العمـــل واللقـــاءات الفكريـــة والمهرجانات العلمية.

2. إستقطاب علماء وخبراء من خارج المملكة لنقل التجارب وترسيخ جذور النشر العلمي وثقافة الملكية الفكرية والصناعية.

3. المشاركة في الندوات والمؤتمرات المحلية والإقليمية والعالمية للاستفادة مـــن التجارب المثيلة للتطوير ورفع القدرات.

4. الإستفادة من الوسائط الرقمية والمنتديات الافتراضية والشـــبكات الالكترونيـــة ومنظمات المجتمع المدني ومنظمات التواصل الاجتماعي والجمعيات المستندة على المجتمع في تقديم المنتديات والإعلان عنها.

---

[8] تضم المنابر العلمية لمنتدى حوار مشعل:- منبر الطالب, المنبر العلمي, المنبر الأدبـي, منبر الصناعة, المنبر الهندسـي, منبر الطبـي, منبر التقنـي, المنبر الإلكتروني, منبر المتاحف العلمية, منبر الحاضنات.

الفصل الخامس: عضوية مشعل

8. اكتساب العضوية

1) عضو كامل: تمنح العضوية الكاملة لكل من ينطبق عليه تفسير العضو الوارد بهذه الضوابط.

2) عضو منتسب: تمنح لكل من عمل أو يعمل بالهيئة التدريسية والبحث العلمي والادارية والموظفين من الأساتذة العاملين بالجامعة.

3) يتم اكتساب العضوية الكاملة وعضوية الانتساب بموافقة اللجنة.

9. واجبات العضو

يلتزم كل عضو في مشعل بالآتي:

1) دفع الاشتراكات والرسوم – ان وجدت – التي تحددها الضوابط.

2) الالتزام بالضوابط.

3) الالتزام بالقرارات التي تصدرها الجمعية واللجنة.

10. الجمعية

الجمعية هي السلطة العليا لمشعل ويكون للجمعية الاختصاصات الآتية:

1) مناقشة واعتماد خطط وبرامج العمل المقدم من اللجنة.

2) متابعة سير الأداء والإشراف على تنفيذ برامج العمل بعد إجازتها.

3) التوصية بإجازة ميزانية مشعل لتقديمها للمركز.

4) انتخاب أعضاء اللجنة.

5) وضع السياسة العامة لمشعل.

11. اجتماعات الجمعية

1) تجتمع الجمعية مرة في العام على الأقل.

2) يكون النصاب القانوني لاجتماعات الجمعية هو نصف الأعضاء المسجلين على أن يكون الاجتماع الثاني قانونياً بأي عدد.

3) يجوز دعوة الجمعية لاجتماع طارئ بناءاً على رغبة من أعضاء اللجنة أو بطلب من ثلث عضوية الجمعية أو بطلب من المركز.

4) يرأس اجتماعات الجمعية رئيس اللجنة وفي حالة غيابه يتولى رئاستها نائبه وفي حالة غيابه يرأسها أكبر الأعضاء سناً.

12. اللجنة

تنتخب الجمعية لجنة من العضوية وتتكون من عشرة أعضاء على أن لا تتعدى فترتهـا العامين ولا يجوز انتخاب عضو اللجنة لأكثر من دورتين متتاليتين.

13. يكون للجنة الاختصاصات الآتية:

1) وضع خطط وبرامج لعمل الجمعية لتحقيق أهدافها.
2) تنظيم البرامج الثقافية والاجتماعية والعلمية والفنية والمهنية.
3) الإشراف على الأداء المالي وصرف الميزانية.
4) رفع تقرير سنوي عن أدائها وتقديمه للجمعية وللمركز
5) تقديم الميزانية للجمعية للتوصية بإجازتها للمركز.

14. تكوين اللجنة

تتكون اللجنة على النحو التالي:

1) الرئيس
2) نائب الرئيس
3) أمين المال
4) أمين شئون العضوية
5) أمين الاتصال الجماهيري والترابط الخارجي
6) أمين الشئون الثقافية والاجتماعية
7) أمين الشئون العلمية
8) ثلاثة أعضاء

15. اجتماعات اللجنة

1) تجتمع اللجنة مرة كل شهرين ويمكن عقد اجتماعات طارئة إذا لزم الأمر.
2) النصاب القانوني لاجتماعات اللجنة يكون بحضور أكثر من نصف الأعضـــاء وتجاز قراراتها بالأغلبية البسيطة وعند تساوي الأصوات يكون لرئيس اللجنة الصوت المرجح.
3) يجوز للجنة إصدار اللوائح اللازمة لتنفيذ أحكام هذه الضوابط.

الفصل السادس: مصادر التمويل

16. تعتمد الجمعية على مصادر التمويل الآتية:

- منحة المركز وما تجود به الجامعة حسب الميزانية المصدقة.
- اشتراكات الأعضاء التي تحددها اللجنة.
- التبرعات والهبات والأوقاف المستقطبة من الجهات ذات الصلة.
- العائد من الأنشطة الثقافية والاجتماعية والرياضية والاستشارية.
- أي مصادر مشروعة وأي أوجه إستثمار مشروع توصي بها اللجنة.

الفصل السابع: تعديل اللائحة وحل الجمعية

17ــ تعديل اللائحة لا يجوز تعديل هذه اللائحة إلا بموافقة ثلثي أعضاء الجمعية في اجتماع يعقد لهذا الغرض.

18. لا يجوز حل الجمعية إلا بموافقة ثلثي أعضاء الجمعية وفي حللة حلهــا تــؤول ممتلكاتها بعد تسوية ديونها إلي المركز.

13-تغريدات مختارة

البيئة
يا بعد خمشي يسلم خشمك ويشم الهواء. بلاغة التعبير السعودي لبشاشة اللقيا عنوان للحياة وصحة البيئة 20 أكتوبر 2013
قال عمرو بن كلثوم في معلقته: ونشرب إن وردنا الماء صفوا ويشرب غيرنا كدرا وطينا دعوة لنقاء الماء برفاعة وأم دقرسي 20 أكتوبر 2013
الغوث بحلم فيه اتاحة التعليم والعلاج ورغد العيش ورفاه السكن وسعة الخيال وتعايش المجتمع والثقافة الرائدة لقاطني رفاعة النور وأم دقرسي المحنة 23 ديسمبر 2013
عاش المعري سعيدا رهين المحبسين ويعيش طفلنا رهين عدة محابس واقعية وافتراضية حالي السكون والحركة ملاحقا بالصوت الآمر الناهي المتعالي: لا تفعل 22 يناير 2014
زمجرة محرك وصخب تسجيل وهدير مذياع وفرقعة سير وهزيم اطارات ونعيق بوق وصليل طارة وضجيج سائق بشارع المدينة أين ذلك في باب حسن الجوار 4 مارس 2014
العنصرية رفيقة الجهل من أراد أن يتذوقها خالصة صرفة حنبريت من الصغير الغرير قبل الكبير المغرور فليسكن حينا 4 مارس 2014
العين الفايضة وجبل حفيت والهيلي والجيمي مريجب والأحباب والصحاب والجيران والربعة بهواك يا عين بهواك 4 مارس 2014
والله لا يؤمن (أقسم ثلاث) قالو وماذاك يا رسول الله قال الجار لا يأمن جاره بوائقه

قالوا يا رسول الله وما بوائقه قال شره 4 مارس 2014
زفير عادم وتوهج مطعم وفواح بالوعة ونتن قمامة وخبث مجاري ورائحة هذا في الصباح والسعادة من المرجو المتاح 15 مارس 2014
ما رأي تخطيط المدن في استدامة غابة الاسمنت العشوائية من عماير مدننا من تلكم المبنية على مساحات موزعة أساسا للسكن الأفقي لعامة الناس وخاصتهم؟ 17 مارس 2014
مفسد بيئتي قالت سمكة الزينة دامعة من زجاج محبسها سجان ظالم قال عصفور الزينة قابض قضبان قفصه ارهابي قالت الزوجة معترضة زلازل هجومه على طفلهما 17 مارس 2014
أزرق أشهب أخضر بارد بحر هنيء زلال زغرب زغرف حنبريت حشرج خالص طياب طيب لذيذ ماء مفاصل مزمهل مطلق نقاخ نمير سلسبيل سلسل سلسال سلاسل سيح عذب فرات فرتان فَضض فضيض فَظيع صافي صفو قراح رضاب رهراه شبم شنان خريص غدق أتوق إليك برة أتطلع إليك غياث من لي بها ميمونة أحبك زمزم 17 مارس 2014
أوركيدا أقحوان بوفارديا ديزي ديلفنيوم زنبق جلاديلياس فريسيا قرنفل نرجس شقائق نعمان سوسن هيدرانجيا توليب عناقيد دانية وطرق خيال رفاعة امدقرسي 21 مارس 2014
مبني حديث مستفز اللون عمارة شاهقة بطلاء قابض للنفس وبناية فخمة شوهها الصبغ ودار تراثية غطاها لون مؤذي للعين وأنا مشروع ضيف عابر سبيل بالجوار 21 مارس 2014
من لم يحركه الربيع وأزهاره، والعود وأوتاره فهو فاسد المزاج ليس له علاج قالت بي بي سي أضف نضارة صوت بليل مغربي وبهدى رشيد

21 مارس 2014
فريقورا قندلاب أبحراز بركس سجانة مينا سافونارولا اوديودلفت ارقيلسترت مزاد مغتربين جيميمريجب خوض ناصر مغاربة جخيص دانة راكة ثقبة تجوالي في حي 21 مارس 2014
التعليم
مبادرة لتحويل أي جامعة عربية وأفريقية لحاضنة أكاديميـــة وعلميـــة صـــناعية للأعمال في إطار النقاط التجارية وتسيير فرص تغيير التخصص والدراسة العليا 20 أكتوبر 2013
كيف يمكن طرح أفكار جريئة حرة لتطوير التعليم وتنمية المـــوارد وســـط كيـــان يعرف العدل والديمقراطية بمعياره ويحرك ربع واحد أو أقل من الدماغ لهيرمان؟ 18 يناير 2014
هل هجرة عقول أستاذ الجامعة والمهندس والطبيب والأديب وغيرهـــمـــنـبـــاب "مطرب الحي لا يطرب"؟ 4 فبراير 2014
رابطة افتراضية لطلاب وأساتذة تنشئ مكتبة علميـــة وتحـــل امتحانـــات ســـابقة والواجبات وتقرير المخبر وتجميع فيديو وأفلام ونشر بحث طالب ومشروع تخرج الخ 9 فبراير 2014
أحلم بشهادة موحدة من اتحاد الجامعات أو اعتراف كامل بشهادة أي جامعة عضو به واستبدالها عند الحاجة أسوة برخصة القيادة. 9 فبراير 2014
لم لا تفتح الجامعة لدراسات الدبلوم والبكالوريوس والماجستير والدكتوراه وغيرها بنظام تجميع الساعات المعتمدة على أقصى فترة زمنية ممكنة؟ 9 فبراير 2014
اقترح قيام جمعية النشر العلمي الطلابية للنشر الطلابي وتعلم خبايا النشر والطباعة والتوزيع والتنسيق المحلي والاقليمي والعالمي. فبراير 2014 12

اقترح ثانية تواصل الأجيال وتعليم النظراء والأقران عـبر صـناعة المرجـع والمصنف العلمي والكتاب المنهجي الدراسي لكافة المتخصصين في المادة والمقرر 13 فبراير 2014
صناعة الكتاب والمذكرة والمصنف العلمي لمقرر ما وبيعها لذات الطالب المسجل له ألا تعبر عن أكل ذاتي ومن جنسه؟ 16 فبراير 2014
ذو العقل يشقى في النعيم بعقله وأخو الجهالة بالشقاوة ينعم صدق الشاعر وغـــاب مقياس وليام ند هيرمان للهيمنة الدماغية 4 مارس 2014
التعليم الهندسي
إحالة كلية الهندسة لحاضنة وخط انتاج يخرج الفني والمهنـــدس المنتـــج للسـلعة والمسوق لها، ويلهم التصعيد والتجسير وتغيير المهنة وتلاحم التخصصات. 3 فبراير 2014
خمس سنوات عشتها بينهم اقنعتني بعبقرية الطالب المهندس السعودي مما يحتـــاج معه لاستيعاب مقياس هيرمان للهيمنة الدماغية لمصلحته 3 فبراير 2014
استقطبت عقولنا الشابة المتطلعة وحجرت لتخصصي الهندسة والطب وضاعت منا فرص الاستمتاع بأركان أخرى للمدنية والدين والإبداع والدبلوماسية والإعلام 5 فبراير 2014
نادينا بنقطة تجارية أكاديمية موازية للنقاط التجارية لتســـويق المنتـــج الأكـــاديمي والافكار العلمية والتقانات الفنية حال انتاجها من حاضنة الهندسة. 9 فبراير 2014
منذ أوائل الألفية الثالثة ومازلت أنادي بفتح باب التجسير دون قيد أو شرط لتحويل الطالب من صائد درجات إلى منتج ومخترع ومكتشف. 12 فبراير 2014
أحلم بقيام بينال هندسي وتشييد صالة عرض تكنولوجية ومسرح فني وبناء صـــالة ألعاب واطلاق قناة اعلام هندسية داخل كلية الهندسة بجهود وتواصل منسوبيها

14 فبراير 2014
أرى تغيير نمط الامتحان وطريقة عرض المقرر للطالب المخترع والمسجل لبراءة اختراع وتبنيه كمخترع ومكتشف واعد. 15 فبراير 2014
أين مكمن السر حيث يقضي الطالب بضع سنين في تخصص ما ثم يحتاج لسنوات عدة لاجتياز امتحان زمالة المهنة؟ 6 مايو 2014
التدريب وخدمة المجتمع
أحلم بأن تفتح الكلية أبوابها شرعا للجميع لحضور أي محاضرة من باب خدمة المجتمع ورفع الوعي والتنمية الشاملة والتدريب المجتمعي. فبراير 2014 12
فجر الثمانينات اقترحت تبني كلية الهندسة لدبلوم وسيط وتدريب الفني والتقني لكافة التخصصات ورفض المقترح حينذاك ثم نفذ بداية الألفية. 12 فبراير 2014
يعجبني كثيرا دمج التربية والثقافة والعلوم في بعض المنظمات ويحيرني تباعدها وتجافيها في دنيا السياسة والمجتمع والتطبيق. 13 فبراير 2014
فتحنا سوق نقل التقانة مع البحوث والاستشارات الصناعية على أمل تعزيزه ونشره على كافة ركائز المجتمع. 13 فبراير 2014
التصميم الايضاحي بكليات الفنون انتاج لأفكار جديدة ومشاريع هندسية رائدة، لم لا تقوم شراكة بينها وكليات الهندسة والقطاع الخاص؟ 14 فبراير 2014
منظومة مدارس الحرفيين مع البحوث والاستشارات الصناعية لتدريب العلمة والنزلاء في أعمال الكترونيات وسيراميك وصناعة جلود وسلخ وبويات وجير الخ. فبراير 2014 14
أري تبني كلية الهندسة للمخترعين والمكتشفين بالورش المحلية والعامة والسوق

البلدي لصقل المواهب وتطوير الاختراعات الواعدة وتسجيل البراءات.

14 فبراير 2014

الفنون الجميلة انجبت قرينلو بسطاوي شفيق شوقي العربي الجنيد نصيف إسحاق حسن الهادي شبر شبرين عبدالعال العريفي عبده عثمان منارات في ابداعات بلادي

15 فبراير 2014

القطيعة والغيبة والنميمة والخديعة والدسيسة واللوبي والحسد ليست من شيم الكرام وخصال اللجان العظام إذ تفتقر شفافية وعدل ودمقراطية ومكارم اخلاق

11 مارس 2014

زهو وخيلاء وتبجح وكبر وقطرسة وتبختر وبرستيدج وشوفوني وقندلا وعنطــــزة وقرضمة وفشخرة أبدا لا تستهويني أبدا

مارس 2014 11

من كتم علما ألجمه الله يوم القيامة بلجام من نار. ما فتوى إيجار البنــــى التحتيــــة والعقول من مؤسسة عامة لأخرى نظيرة من ذات النحلة والملة؟

17 مارس 2014

البر

ما أخلدك أبي في دنيا الوجود مكافحا ومنافحا ومصافحا، وأرجو أن يجمعنا ربــــي في دار الخلود مع الصديقين والشهداء والصالحين وحسن أولئك رفيقا

22 يناير 2014

رغم شظف العيش وتخلف البيئة غير أن أمي وأبي رحمهما الله تعالى أنبتــا فــــي نفسي الطموح ورسخا العقيدة وشيدا القيم وغرسا حب الوطن ورفاعة وأمدقرسي

22 يناير 2014

خلدت المجلي حبا، وفاحت المصلي حبا، ولمست المسلي حبا، وجافت التالي حبا.

3 فبراير 2014

نيف وخمسون عاما فيها كل حنان وصادق احسان وحب ولهان وصفو ايمــــان ومحاسن انسان وجمال فنان وحديث نديان أم سلمة بت حسونة اكسـير الأمومـــة سحر الوجدان

2 مارس 2014

181

لم يخرج أبي قط الا وهو متوشح عمامته عنوان المهابة ورمــز الوقــار وفخــر الرجال. خبروني لم يتهدل طرفها المرصع بالأشكال والألوان بارزا عند بعضهم 4 مارس 2014
هدوء سلوك وجميل كلم ومعبر شعر وترجمان تعبير وصادق بر ما أجملها من دنا أنت فيها تسنيم 4 مارس 2014
أمدرمان جوفيال رومر سيكو ستزن أومقا كاسيو أورينت جملتها يدي أمي وأبــي رحمهما الله ليتها كانت رولكس ورابطة مهندسي وفنيي السودان بقطر تعيد مجد 4 مارس 2014
في أوج السعادة انتعلت داحس والغبراء وارتديت الفهيمة وتوسدت الرشيقة وتدثرت نانا واحتضنتني أختها. ودوما كانت هناك أم سلمة بت الطاهر 4 مارس 2014
نسجت الحب ازار وقلدت العفاف مجد وتبنت الصلاح منهج وأنجبت الدنا رياحين وصاغت البر عقد وغنت الاخاء سيموفنية وحاكت الصحبة عصب فخلدت ليلى بت غوث 4 مارس 2014
أحبك جدي ولأهدينك سيارة فيراري حمراء من ثم أعمل فنه كريم قــومه أديــب مجلسه لطيف طبعه جلي معدنه صافي أرومته سليل عز وبر حبيبي أكمل الــدين أمير 10 مارس 2014
أنت تتهادى ببهاء وتحمل جواهر ملصقاتها برجاء وتنثر ورود الحب متتالية بسخاء وتعطر الوجود ببسمات وصفاء وترنو بأمل في دوام لقاء لكم أحببتك إباء 10 مارس 2014
البركة في البكور وتتنزل الرحمة وصباح بت حسونة زلابية وكسرة وشاي وتنظف دار وصنع إدام ومعاودة جوار ونثر صدقات أين من ذلك أسيرة الموبايل عشقا 11 مارس 2014
ياشمي وياودبطني ويادخري العين وياعشاي وياجناي ويادراق بــالي وياضــهري

وياسندي ما أبلغ محنتها وما أشد المحنة فيها فلتتنزل عليك شآبيب الرحمة أماه 31 مارس 2014
أنا في الصبح تلميذ وعند الظهر نجار ولي قلم وقرطاس وازميل ومنشار خبرتها عمل اولبة وثانوية وأحببتها وأبي مثلي الأعلى عشتها واقع 6عقود وبضع حجج 6 مايو 2014
رأيت أبي رحمه الله يعلم كثر النجارة وبسرعة تجاد المهنة ويبز المدرب وتفتح معارض أثاث وصالات موبيليا فما بالها دور تعليم عالي ومشيد تدريب مهني 6 مايو 2014
البحث العلمي
المعلومات والبيانات عناصر مهمة في اتخاذ القرارات، فكيف يسمح بأن تعتبر سلعة تباع نهارا جهارا من قبل بعضهم؟ ممن يجلسون ويؤتمنون عليها! 3 فبراير 2014
بحث الفريق لا يعني جمع أصحاب التفكير الواحد بعضهم البعض، بل يعني تعظيم الاستفادة من وجود التخصصات المختلفة في جامعة واحدة ومركز بحثي بعينه. 3 فبراير 2014
مركز البحث العلمي والعلاقات الخارجية أنتج جمعية البحث العلمي الطلابية مما أخذ بالطلاب لآفاق المؤتمرات العالمية والنشر وانتاج التقانة العلمية. 12 فبراير 2014
السعادة
المصالحة مع النفس تجلب المصالحة مع الأسرة والمجتمع وتبعد المرء من ان يغدو كلب حراسة على غيره ولغيره ومع غيره. 4 فبراير 2014
كم من المرات صدق عليك مقال بن الجوزي: يرون العجيب كلام الغريب، وقول القريب فلا يعجب؟ في البيت والعمل والشارع الخ 5 فبراير 2014
جعلنا من البحوث والاستشارات الصناعية سوق للتقانة وتوطينها ومدارس حرفيين ونقطة تجارية وكرسي لليونسكو لنقل التقانة وحاضنة أعمال ومنظمة طوعية

6 فبراير 2014
أكاديمية السودان للعلوم حاضنة صناعية لدراسات عليـــا وبحـــث تطـــبيقي بأقـــل منظومة إدارية وشركة افتراضية للباحثين والتدريسين والمدربين والبنى التحتية 6 فبراير 2014 أحب أن أراها تترعرع وتتبختر وتزهو وتسمو وتنمو وتثمر 4 مارس 2014
طفولة أولادي فيها متعة ضحكة بريئة وسعادة بدعوة مرجية وحبور بأرزاق مأتية وفرحة بنجاحات ثرية وعطاء باستمرارية ومساعدة بلهفة وحنية ووقت سعيد لي 6 فبراير 2014
أفرحني خبرها وأدهشني تحركها وأسعدني مولدها وأشجاني فعلها غريرة وأغنتني طفولتها وألهمني شبابها وتعشقت فلذاتها ونهلت معين برها وأحببتها لبنى 7 فبراير 2014
عشرون عام مجاهدة نفس وتعلم صبر ومصارعة شر وتحريك لسان بحلو الحديث وقيد اليد بسلاسل افتراضية مكنني من الدعاء الصالح لقائد السيارة الآخر بقربي 7 فبراير 2014
في رأيي السعادة ذاتية الانتاج محورية الشعور داخلية السرور تأتي عندما أتصالح مع نفسي وأحقق قيمها العليا وآخلاقياتها السامية وخلقها القويم 7 فبراير 2014
هل الكلمة كائن حي؟ فالكلام يعمق الايمان ويحرك المشاعر ويدغـــدغ الوجـــدان ويثير شجون ويعظم القيم ويغير تفكير ويحفز العقل ويلهم العبقرية ويغير حال فبراير 2014 7
احتضنها النيل الأزرق وجملت مروج البطانة وأطربت الآفاق ونشرت قبة العلـــم فغطت السودان وماجاوره وأنجبت الغر الميامين أعشقك رفاعة 11 مارس 2014
من أنا؟ أجنبي غير مواطن حيث أنا وافد زائر حيث كنت دخيل نازح لاجئ مغرب مهجر حيث ينبغي أن أكون مهاجر مغترب عامل بالخارج حيث يراد لي ان اكون 15 مارس 2014

هي
بتؤدة وثقة دخلت الحصان كياني تغلغلت الرزان وجداني سـكنت المهذبـة قلـبي تفاعلت الطاهرة وروحي أحب العفيفة عقلي بوأك الله الفردوس منزلا ليلى صالح 23 إبريل 2014
هي جامعة تعليم وتدريب وفن تعامل ودبلوماسية شفافية وديمقراطية تفاني وغـرام ود وكمال اخاء ومطلق ولاء ومبتكر أشياء ومكارم خلق عشت أبدا ليلى صالح 24 إبريل 2014
وداع دعا إذ نحن بالخيف من منى فَهيج أحزانَ الفؤاد وما يدري دعا باسـم ليلـى غيرها فكأنما أطار بليلى طائر كانَ في صدرِي الآن أصدق قولك وأحسه قيس 27 إبريل 2014
ألا ما أصدقه ابن الملوح صائحاً بلسان الحال عن مكنون فؤادي معبراً عن دخيلـة ذاتي إذا بانَ من تهوى وشط به النَوى فَفرقَة من تهوى أحر منَ الجمر 27 إبريل 2014
طافت برزانة صالة العلوم فقالت نفسي ورددت روحي وهتف خاطري فتاة أحلامي قرأتها نثرا رددتها شعرا تخيلتها فكرا فملأتني مرحا وحبورا وذهبت برزانة 27 إبريل 2014
وحيدا وجدتني ونمت لي زوجة وحبيبة وصاحبة وخليلة وصديقة ورفيقة وشـقيقة وزميلة ومؤنسة وملهمة وجارة ومربية وربيبة ثم غادرتني وحيدا 6 مايو 2014
اينعت وتفتحت وغدت نور للحياة ونبراس للكمال ورمز للجمال وبصـمة للمجـد ومثال للبر وملحمة للخلود وثريا للقرى وبلسم جراح وبسمة جـبين حييـت بنـت صالح 6 مايو 2014

المؤلف في سطور:

الأستاذ الدكتور المهندس المستشار/ عصام محمـــد عبد الماجد أحمد

- من مواليد مدينة رفاعة بالريف السوداني في 19 يوليو 1952 م.
- تلقى تعليمه الأولي برفاعة، والمتوسط بأبي حراز، والثانوي برفاعة.
- تخرج في قسم الهندسة المدنية بجامعة الخرطوم (السودان) بمرتبة الشرف الأولى، 1977. نال دبلوم الري من جامعة بادوفا (إيطاليا)، 1978. حصل علـــى ماجستير الهندسة البيئية من جامعة دلفت (هولندا)، 1979. نال الدكتوراه في الهندسة البيئية من جامعة استراثكلايد (بريطانيا)، 1982
- للمؤلف جملة من البحوث والأوراق العلمية المتخصصة والكتب الدراسية والمراجع العلمية والمهنية المتخصصة (باللغتين العربية والإنكليزية) فاز بعضـــاً منهـــا بالجوائز التقديرية الرفيعة.
- عمل مهندساً بالمؤسسة العامة للري والحفريات بوزارة الري والمـــوارد المائيـــة (مينا)، وأميناً عاماً للمجلس القومي لرعاية الثقافة والفنون بوزارة الثقافــة والإعلام (الخرطوم)، وأستاذاً جامعياً في جامعات: الخرطـــوم (الخرطـــوم)، والإمارات العربية المتحدة (العين)، والسلطان قابوس (مســقط)، وأم درمـــان الإسلامية (أم درمان)، والسودان للعلوم والتكنولوجيـــا (الخرطـــوم)، وجوبـــا (الخرطوم)، ومركز البحوث والاستشارات الصناعية وأكاديمية السودان للعلوم (الخرطوم) بوزارة العلوم والتقانة (السودان) وجامعة الملك فيصـــل وجامعـــة الدمام (المملكة العربية السعودية). وتنقل في مؤسسات التعليم العالي والبحـــث العلمي متقلداً مناصباً إدارة الشعبة، و رئاسة القسم، ونائب العميد، والعميـــد، ووكيل الجامعة، ويعمل حالياً رئيساً لقسم المراجعة بمركـــز النشـــر العلمـــي بجامعة الدمام.
- التلفون: 0024911620909 ،00966530310018

186

- البريد الالكتروني:

isam.abdelmagid@gmail.com

iahmed@uod.edu.sa،isam@enginormatics.com

- تويتر:

twitter.com/IsamAbdelmagid

- فيسبوك:

https://www.facebook.com/isam.m.abdelmagid

- Researchgate:

https://www.researchgate.net/profile/Isam_Abdel-Magid

- Google scholar:

https://www.facebook.com/isam.m.abdelmagid

- linkedin: https://www.linkedin.com/nhome/?trk=

- الامازون:

https://authorcentral.amazon.com/author/isamabdelmagid